Ricardo Del Sant

Mestre em Física e Doutor em Engenharia pela UNESP

INTRODUÇÃO À TERMOLOGIA NA GRADUAÇÃO

Termometria, calorimetria, leis da termodinâmica e mecânica dos fluidos

1ª edição – 2022

Dados Internacionais de Catalogação na Publicação (CIP)

Sant, Ricardo Del.

S189i Introdução à termologia na graduação : termometria, calorimetria, termodinâmica e mecânica dos fluidos / Ricardo Del Sant. – São Paulo: [s.n.], 2022.

217 p. : il. ; 29 cm

ISBN 978-85-471-0708-6

1. Termologia. 2. Física. I. Título.

1222-01 CDD 536

Ficha catalográfica elaborada por
Débora Soares Vicente de Santana – Bibliotecária CRB-9/1914

Índice para catálogo sistemático:

1. Física 530

PREFÁCIO

Este trabalho visa servir de apoio acadêmico aos alunos que ingressam em cursos superiores, especialmente de Física e de Engenharia. Nele, encontram-se os princípios básicos da Termologia, Termodinâmica, Ciclos Térmicos, Entropia e Mecânica dos Fluidos.

As Figuras e Equações seguem o mesmo critério de codificação, onde o número antecede o capítulo. Assim, Figura 3.4, por exemplo, quer dizer figura 3 do capítulo 4, enquanto Equação 6.2 é equação 6 do capítulo 2, e assim por diante.

Como toda obra voltada ao ensino, a presente também está inteiramente ao dispor às críticas e sugestões que serão muito importantes para aprimorar futuras edições. Um dos canais para isso é o próprio e-mail do autor: delsant1812@gmail.com.

Desde já o autor agradece tal apoio.

São Paulo, outubro de 2022

Dedico esta obra aos meus dois orientadores de pós-graduação na UNESP de Guaratinguetá, Roberto Yzumi Honda e Tomaz Manabu Hashimoto.

ÍNDICE

CAPÍTULO 1

TEMPERATURA E CALOR

- CONCEITO DE TEMPERATURA
- MEDIDA DA TEMPERATURA
- EQUAÇÃO TERMOMÉTRICA
- CONCEITO DE CALOR
- EFEITOS DO CALOR
- CALOR ESPECÍFICO E CAPACIDADE TÉRMICA
- FÓRMULAS ESPECÍFICAS (CALOR SENSÍVEL E CALOR LATENTE)
- CURVA DE AQUECIMENTO
- SISTEMA TERMICAMENTE ISOLADO

Conceito de temperatura

Todo material é constituído de átomos, não importando seu estado físico. Em nenhum desses estados os átomos estão em repouso absoluto, havendo sempre um movimento que pode ser apenas de *vibração* (caso do estado sólido), somado com um de *translação*, quando for líquido ou gasoso. A *temperatura* é uma *grandeza física escalar* diretamente associada à essa *energia de movimento do átomo*.

No caso de um sistema formado por vários átomos, principalmente em casos macroscópicos, é demais esperar que todos os átomos apresentem a mesma energia de vibração, de modo que um *valor médio* é o que define a temperatura do conjunto.

Teoricamente a menor temperatura é aquela apresentada por um material cujos átomos estão em absoluto repouso, situação jamais obtida até o presente momento.

Medida da temperatura

De saída se percebe a dificuldade para se medir temperatura, visto que até hoje um átomo jamais foi visualizado. Como então medir seu grau de agitação?

O valor da temperatura é medido indiretamente, *comparando-se com outra grandeza física que varia proporcionalmente com a temperatura* como, por exemplo, o comprimento de uma haste metálica, a pressão de um gás, a corrente elétrica que passa por um par-termoelétrico etc. Tais grandezas proporcionais à temperatura são chamadas de *grandezas termométricas* ou ainda *propriedades termométricas*.

Inicialmente se estabelece um par de valores para dois estados padronizados, onde um corresponde à *temperatura de fusão do gelo* (passagem do gelo para água) e outro à temperatura de *vaporização da água* (passagem da água para vapor), ambos sob a pressão atmosférica ao nível do mar e que passaremos a chamar de *pressão normal*. Esses valores foram escolhidos por se manterem fixos enquanto ocorre mudança de estado físico, não importando o sentido.

Uma vez adotados valores para esses dois pontos, digamos T_f para temperatura de fusão do gelo e T_v para temperatura de vaporização da água, para cada um deles a propriedade termométrica terá um respectivo valor, por exemplo, P_f e P_v. A Figura 1.1

mostra uma comparação entre a temperatura com uma correspondente propriedade termométrica:

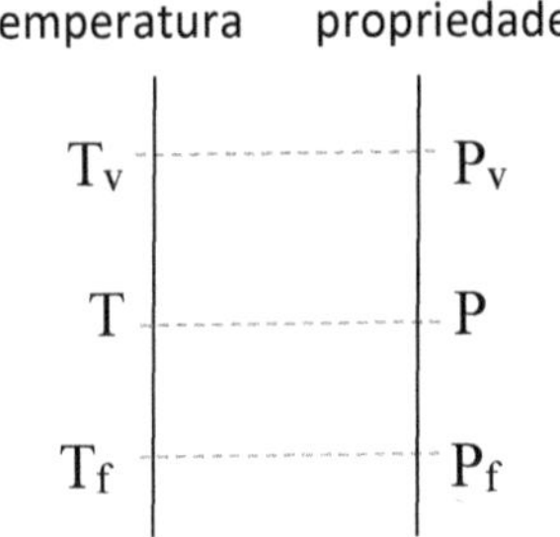

Fig.1.1 – Comparação entre temperatura T e uma propriedade térmica P. Os valores com índices *v* e *f* são os referentes aos pontos fixos (vaporização e fusão, respectivamente), e os valores T e P são valores arbitrários.

A relação matemática entre estes valores é feita de acordo com o Teorema de Tales entre segmentos proporcionais, podendo ser através da seguinte igualdade:

$$\frac{T-T_f}{T_v-T_f}=\frac{P-P_f}{P_v-P_f} \qquad \text{Eq.1.1}$$

Os valore de T_f e T_v são adotados para cada escala, e os respectivos valores de P_f e P_v são medidos por instrumentos adequados.

Vejamos o exemplo seguinte adotando-se a escala *Célsius*[1], cujos valores fixos são 0 e 100 para os pontos de fusão e ebulição, respectivamente. Digamos que, nestas duas temperaturas os valores do comprimento de uma coluna de mercúrio de um termômetro são 10 cm e 40 cm, respectivamente, altura medida a partir de um certo nível de referência do termômetro. Digamos que se deseja medir a temperatura quando a coluna de mercúrio tem uma altura de 25 cm. Aplicando a Equação 1.1:

$$\frac{T-0}{100-0}=\frac{25-10}{40-10}\rightarrow T=50\,^{0}C$$

Repare que, caso se altere o nível de referência para se medir a altura da coluna de mercúrio, a diferença entre P_v e P_f continuará a mesma, não alterando, portanto, o valor final do resultado, visto que a proporção será mantida. Podemos concluir, portanto, que os valores absolutos de P_f e P_v não são relevantes, sendo a sua diferença o que importa.

[1] Anders Celsius (1701 – 1744)

Os valores das temperaturas nos pontos fixos dependem da escala, como mostra a Tabela 1.1 para três escalas reconhecidas internacionalmente.

Tabela 1.1 – Temperatura de vaporização e de fusão da água para três escalas oficiais

Pontos fixos	**Célsius**	**Fahrenheit**[2]	**Kelvin**[3]
T_v	100	212	373
T_f	0	32	273

Aplicando a Equação 1.1 e simplificando o resultado, chega-se à relação entre estas três escalas:

$$\frac{C}{5} = \frac{F-32}{9} = \frac{K-273}{5} \qquad \text{Eq.2.1}$$

Repare que a diferença de uma mesma temperatura entre as escalas Célsius e Kelvin é sempre de 273 unidades, sendo o valor maior na escala Kelvin[4].

Outra escala reconhecida internacionalmente é a *Rankine*[5], cuja relação com a escala Kelvin é

$$R = 1{,}8K \qquad \text{Eq.3.1}$$

Equação termométrica

Quando se estabelece uma relação matemática simplificada entre a temperatura T com sua respectiva propriedade termométrica P, tem-se uma *equação termométrica,* podendo ser da forma T = f (P), ou seja, a temperatura em função da propriedade.

Exemplo: digamos que a relação entre temperatura e pressão medida num termômetro a gás, é dada pela tabela

	T (^{0}C)	P (mmHg)
ponto de fusão do gelo	0	500
ponto de ebulição da água	100	800

[2] Daniel Fahrenheit (1686 – 1736)

[3] William Thomson ou Lord Kelvin (1824 – 1907)

[4] O *zero absoluto*, que corresponde à menor temperatura possível, corresponde ao zero na escala Kelvin e, consequentemente, 273 graus negativos na escala Célsius.

[5] William Rankine (1820 – 1872)

Aplicando a Equação 1.1:

$$\frac{T}{100} = \frac{P - 500}{800 - 500} \Rightarrow T = \frac{P - 500}{3}$$

Esta é a equação termométrica que, neste termômetro, relaciona temperatura em graus Célsius com a pressão do gás em milímetros de mercúrio.

Uma equação termométrica também pode comparar duas temperaturas, sendo uma em função da outra, embora evidentemente em escalas diferentes. Por exemplo, a partir da Equação 2.1, a temperatura em Célsius pode ser obtida em função das temperaturas em Fahrenheit e Kelvin, separadamente:

$$C = \frac{5}{9}(F - 32) \quad \text{e} \quad C = K - 273$$

Conceito de calor

Calor é uma forma de *energia* semelhante à luz, micro-ondas, ultravioleta e raios-X, entre outras radiações de natureza eletromagnética, embora diferindo no comprimento de onda e, consequentemente, na frequência de vibração. O calor se encontra dentro da faixa denominada *radiação infravermelha*, como mostra a Tabela 2.1.

Tabela 2.1 – Radiações eletromagnéticas e seus respectivos intervalos de comprimentos de onda em centímetros. O calor está compreendido dentro da faixa do infravermelho

Comprimento de onda (cm)	Onda eletromagnética
10^{-11} a 10^{-10}	raios gama
10^{-10} a 10^{-6}	raios-X
10^{-6} a $4x10^{-5}$	ultravioleta
$4x10^{-5}$ a $7x10^{-5}$	luz visível
$7x10^{-5}$ a 1,0	**infravermelho (calor)**
1,0 a 100	micro-ondas
100 a 100000	ondas de rádio e TV

Assim como qualquer radiação eletromagnética, o calor não poder ser armazenado, e uma definição corrente para calor trocado entre dois corpos é de que consiste numa *energia que o de maior temperatura cede ao de menor temperatura*, em razão justamente dessa diferença.

Embora o calor seja trocado entre ambos os corpos simultaneamente, o saldo se verifica no sentido do mais "quente" para o mais "frio". É esse saldo que define a *quantidade de calor* trocada entre ambos. Com exceção das fontes térmicas que podem manter sua temperatura constante (um forno e o Sol, por exemplo), os corpos durante uma troca de calor terão suas temperaturas alteradas após um certo intervalo de tempo, até atingirem o estado de *equilíbrio térmico*, isto é, a mesma temperatura. À partir deste momento o saldo da troca de calor entre eles é evidentemente nulo, visto que cada um cede e recebe a mesma taxa de calor do outro.

Quantidade de calor

Todo corpo no Universo emite e recebe calor, e o saldo dessa troca é definido como *quantidade de calor*, normalmente simbolizado pela letra Q. Convenciona-se (e semelhante a dinheiro em conta bancária) *adotar sinal positivo para Q quando um sistema ganha calor* e *sinal negativo quando perde*.

A quantidade de calor é uma *grandeza física escalar*, isto é, pode ser avaliado quantitativamente, mas sem apresentar direção e sentido. Sendo uma forma de energia, é medido em *Joule* no Sistema Internacional, embora a *caloria* seja uma unidade usual[6]. A relação entre ambas é 1 cal = 4,1868 J.

Efeitos do calor

Um material pode sofrer algumas mudanças visíveis quando recebe ou perde calor, entre as quais se destacam os seguintes efeitos:

- *mudança de temperatura*

- *mudança de estado físico*

- *dilatação volumétrica*[7]

Não consideraremos em nosso estudo mudanças de cor ou de composição química.

---

[6] Outras unidades de energia podem ser consultadas no Anexo I.

[7] Assunto a ser abordado no próximo capítulo.

Calor específico e capacidade térmica

O *calor específico* de um dado material, representado por *c*, é definido como sendo a *mínima quantidade de calor que cada unidade de massa recebe, para elevar de um grau sua temperatura*. Por exemplo: cada grama de água precisa receber uma caloria de energia para que sua temperatura se eleve de um grau Célsius (ou Kelvin)[8]. Portanto, o calor específico da água é igual a $1{,}0\,\frac{\text{cal}}{\text{g.}\,^0\text{C}} = 1{,}0\,\frac{\text{cal}}{\text{g.K}}$. No Sistema Internacional é $4186{,}8\,\frac{\text{J}}{\text{kg.K}} = 4{,}1868\,\frac{\text{kJ}}{\text{kg.K}}$.

Deduz-se deste conceito que bons condutores térmicos possuem baixos valores de calores específicos quando comparados aos maus condutores térmicos. Uma tabela de calores específicos se encontra no Anexo II.

A *capacidade térmica* C refere-se à *quantidade de calor que todo um corpo de massa m deve receber para sua temperatura se elevar de uma unidade*. Logo, a relação entre capacidade térmica e calor específico é:

$$C = mc \qquad \text{Eq.4.1}$$

Portanto, a unidade de capacidade térmica é $\frac{\text{J}}{\text{K}}$ no Sistema Internacional e $\frac{\text{cal}}{\text{g}}$ no sistema usual.

Fórmulas específicas

A quantidade de calor trocada pode ser mensurada por fórmulas específicas, dependendo do efeito observado. Consideremos aqui os dois primeiros casos: mudança de temperatura e mudança de estado físico.

[8] Interessante observar que, embora os valores em Célsius e Kelvin sejam diferentes para uma mesma temperatura, a diferença numa eventual variação é a mesma para ambas. Isso ocorre porque a diferença de valores entre as duas escalas é sempre de 273 unidades.

Calor sensível

O calor é chamado de *sensível* quando altera a temperatura do material, mas sem alterar seu estado físico. Verifica-se experimentalmente que ele é diretamente proporcional à três fatores:

- *massa do material*

- *variação de temperatura*

- *calor específico do material que troca calor*

Chega a ser óbvio que quanto maior a massa do material mais calor ele deve trocar para uma dada mudança de temperatura, e o mesmo se considerarmos uma massa fixa, quando se espera uma variação maior de temperatura. O mesmo raciocínio se aplica ao calor específico, de acordo com sua própria definição.

Assim, o calor sensível pode ser calculado pela equação:

$$Q = mc\Delta T \quad \text{Eq.5.1}$$

Pela Equação 4.1, pode-se também escrevê-la como: $Q = C\Delta T$.

Calor latente

O calor é chamado de *latente* quando ele acarreta mudança de estado físico, sem que se verifique mudança de temperatura[9]. É o calor envolvido nos processos de fusão, vaporização e sublimação, bem como nos processos inversos (solidificação, condensação e resublimação, respectivamente).

A Figura 2.1 mostra os nomes padronizados para as mudanças de estado físico entre os três estados[10].

[9] As duas mudanças podem ocorrer simultaneamente em misturas de substâncias.

[10] A resublimação também pode ser chamada de *sublimação* ou ainda *cristalização*, enquanto a condensação também pode ser chamada de *liquefação* e a solidificação de *congelação*.

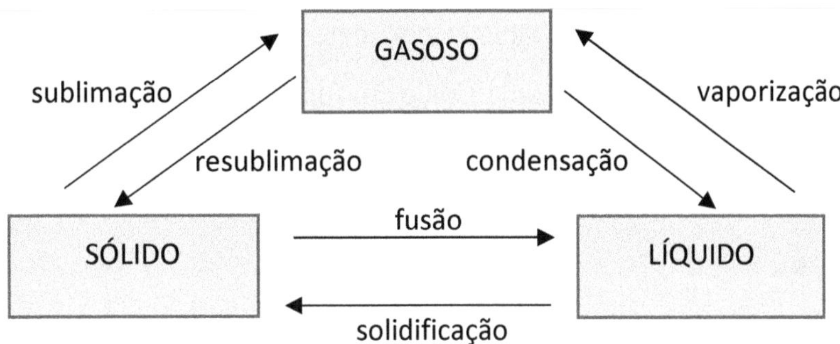

Fig. 2.1 – Nomes específicos padronizados para as transformações físicas entre os estados da matéria.

Define-se *calor latente de fusão* L_f , à *mínima quantidade de calor fornecida à uma unidade de massa no estado sólido, para transformá-la completamente ao estado líquido*. Analogamente, define-se *calor latente de vaporização* L_v, à *mínima quantidade de calor fornecida à uma unidade de massa no estado líquido, para transformá-la completamente ao estado gasoso*.

Por exemplo: a quantidade mínima para fundir cada grama de gelo em seu ponto de fusão (0 ^{0}C sob pressão normal) é 80 calorias, logo seu calor latente de fusão é igual a $80\frac{\text{cal}}{\text{g}}$, enquanto para vaporizar cada grama de água em seu ponto de ebulição (100 ^{0}C em pressão normal), é necessário se transferir a ela 540 calorias, logo, seu calor latente de vaporização é 540 $\frac{\text{cal}}{\text{g}}$. No Anexo II encontra-se uma tabela de calores latentes para outras substâncias.

Para uma quantidade arbitrária m de massa, a quantidade mínima de calor para transformar seu estado físico é, portanto:

$$Q = mL \qquad \text{Eq.6.1}$$

sendo $L = L_f$ para a fusão e $L = L_v$ para a vaporização.

Nos processos inversos os valores para o calor latente são negativos, visto que há perda de calor, de modo que na solidificação $L_s = -L_f$ e na condensação $L_c = -L_v$.

Curva de aquecimento

A maneira como a temperatura de um material constituído de uma substância pura[11] varia, pode ser representada num gráfico em função da quantidade de calor trocada. A Figura 3.1 mostra uma configuração típica de aquecimento, incluindo as mudanças de estado físico:

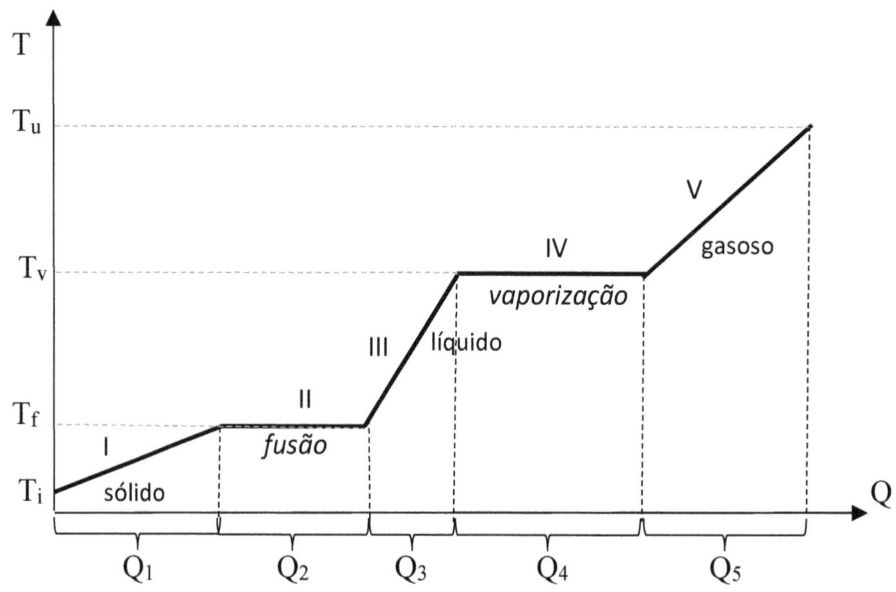

Fig. 3.1 – Modelo de uma curva de aquecimento de uma amostra pura.

Começando no estado sólido a uma temperatura T_i e à medida que calor vai sendo fornecido a uma taxa constante, a temperatura do material se eleva linearmente até que, após receber uma quantidade de calor Q_1 do tipo sensível, o processo de fusão se inicia numa temperatura T_f. Enquanto perdura essa transição a temperatura T_f se mantém constante, correspondendo ao patamar inferior (II) do gráfico. Dentro desse intervalo as fases sólida e líquida coexistem, com a primeira se transformando na segunda. Após receber uma quantidade de calor Q_2 do tipo latente (de fusão), o processo de fusão termina, e a amostra se encontra inteiramente no estado líquido. A partir deste ponto a temperatura volta a se elevar linearmente, e após receber uma quantidade de calor Q_3, atinge a temperatura T_v, quando começa o processo de vaporização. Dentro desse processo a temperatura T_v se mantém constante, correspondendo ao patamar superior (IV) do gráfico, e a fase líquida coexiste com a fase gasosa, com a primeira se transformando na segunda. Após receber uma quantidade de calor Q_4 do tipo latente (de vaporização), toda a amostra se encontra no estado gasoso, de modo que, a partir deste ponto, a

[11] Sem ser misturada com outras substâncias.

temperatura começa a se elevar[12]. No sistema só haverá vapor[13], e após receber uma quantidade de calor Q_5, a temperatura atinge o valor final T_u.

Sistema termicamente isolado

Um sistema é considerado *termicamente isolado* quando não troca calor com o meio ambiente à sua volta. À rigor isso não existe, embora admitam-se algumas aproximações, sendo a garrafa térmica um exemplo rústico à nível caseiro.

Dentro desse sistema é óbvio que a quantidade de energia é constante, de modo que, somando todas as trocas de calor efetuadas em seu interior, *o saldo é evidentemente nulo*, pois o fluxo de ganho é igual ao fluxo da perda. À título de exemplo, consideremos uma troca de calor entre dois corpos A e B, no sentido de B para A, digamos numa quantidade de calor X. Então $Q_A = X$ e $Q_B = -X$. Somando-se as duas quantidades, verifica-se que $Q_A + Q_B = X + (-X) = 0$. Para n corpos inseridos num sistema termicamente isolado, tem-se então:

$$Q_1 + Q_2 + \ldots + Q_n = 0 \qquad \text{Eq.7.1}$$

Um sistema termicamente isolado dotado com termômetro é chamado de *calorímetro*, pois ele permite se medir as quantidades de calor trocadas em seu interior, bem como a temperatura de equilíbrio térmico. Por isso que a Equação 7.1 também é chamada de *equação do calorímetro*. No caso de não trocar calor com a sua vizinhança, o calorímetro é dito de *capacidade térmica desprezível* ou simplesmente *ideal*.

---

[12] Considera-se aqui o material encerrado num reservatório, para que o vapor não se perca para o meio ambiente.

[13] Se o aquecimento persistir o vapor se transformará em *plasma*, que é o quarto estado físico da matéria. Essa transição, porém, não ocorre como nas outras. Sua temperatura não é definida e não se mantém constante.

EXERCÍCIOS MODELOS

1) Duas escalas termométricas arbitrárias A e B, possuem os seguintes pontos fixos:

	A	B
vaporização	90	120
fusão	10	- 10

Determine:

a) uma equação termométrica entre ambas

b) o valor de B quando A = 50

c) o valor coincidente entre ambas na mesma temperatura

Resolução

a) Aplicando a Equação 1.1:

$$\frac{A-10}{8}=\frac{B+10}{13}$$

b) Para A = 50:

$$\frac{50-10}{8}=\frac{B+10}{13}\Rightarrow B=55$$

c) Sendo A = B = X:

$$\frac{X-10}{8}=\frac{X+10}{13}\Rightarrow X=42$$

2) Determine a quantidade de calor necessária para transformar 100 g de gelo, inicialmente à – 40 ^{0}C, em água líquida à 60 ^{0}C.

Resolução

A curva de aquecimento desse processo é

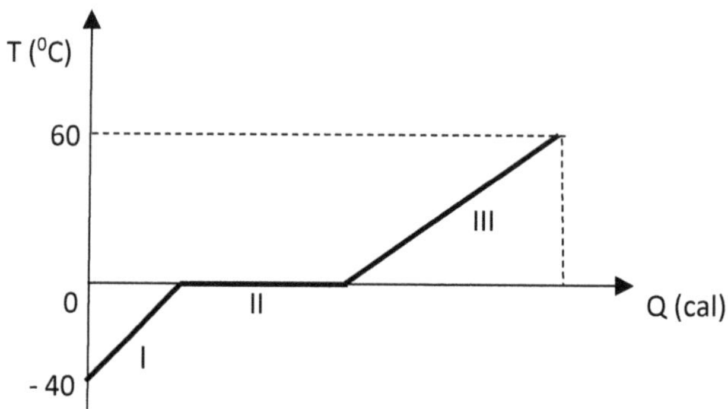

Consultando os valores no Anexo I, determina-se a quantidade de calor fornecida em cada trecho aplicando-se as Equações 5.1 e 6.1:

$$Q_1 = mc_{sol}\Delta T = 100 \times 0{,}5 \times [0 - (-40)] = 2000 \quad \text{cal}$$

$$Q_2 = mL_f = 100 \times 80 = 8000 \quad \text{cal}$$

$$Q_3 = mc_{liq}\Delta T = 100 \times 1{,}0 \times (60 - 0) = 6000 \quad \text{cal}$$

O total de calor fornecido é, portanto, 16000 calorias.

3) É dada a curva de aquecimento de 50 gramas de um certo material, da temperatura em graus Célsius em função da quantidade de calor em calorias que recebe:

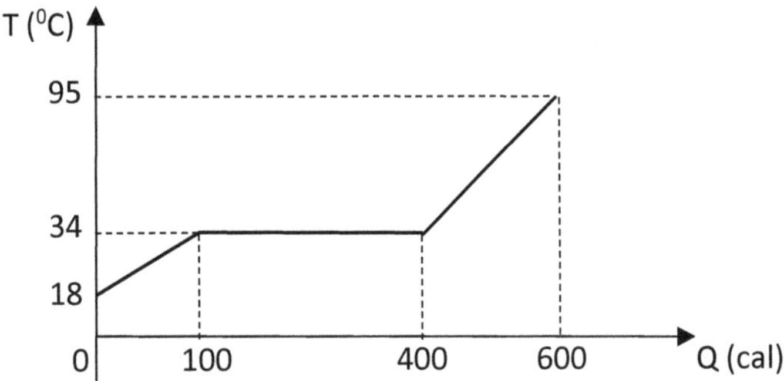

Sabendo que seu estado físico inicial é sólido, determine seu calor específico no estado sólido e no estado líquido, assim como o calor latente de fusão.

Resolução

De 0 a 100 calorias recebida, sua temperatura varia de 18 a 34 °C, logo é calor sensível. Aplicando a Equação 5.1:

$$100 = 50c_s(34 - 18) \rightarrow c_s = 0{,}125 \ \frac{\text{cal}}{\text{g} \times {}^0\text{C}}$$

Durante a fusão à 34 °C, o material recebe 300 calorias de calor latente. Aplicando a Equação 6.1:

$$300 = 50L_f \rightarrow L_f = 6\frac{\text{cal}}{\text{g}}$$

No estado inteiramente líquido, o material recebe 200 calorias, enquanto sua temperatura se eleva de 34 a 95 °C. Novamente o calor é do tipo sensível:

$$200 = 50c_l(95 - 34) \rightarrow c_l \cong 0{,}0656 \ \frac{\text{cal}}{\text{g}\ {}^0\text{C}}$$

4) Dentro de um calorímetro ideal contendo 1,0 kg de água inicialmente à 20 ^{0}C, é inserido um fragmento de material com 100 g à 200 ^{0}C. Determine o calor específico desse material, sabendo que a temperatura de equilíbrio térmico registrada foi de 80 ^{0}C.

Resolução

Aplicando a Eq.7.1 e considerando que não há mudança de estado físico neste processo:

$$Q_{material} + Q_{água} = 0 \Rightarrow 100c(80 - 200) + 1000 \times 1 \times (80 - 20) = 0$$

$$c = 5\frac{cal}{g\ ^0C}$$

5) Um pedaço de prata com 40 g inicialmente à 10 °C é inserida dentro de um calorímetro de capacidade térmica igual a 10 cal/g, inicialmente em equilíbrio térmico com 200 g de água líquida à 80 °C. Sendo o calor específico da prata igual a 0,0564 cal/(g.^{0}C), determine a temperatura de equilíbrio térmico do sistema calorímetro + água + prata.

Resolução

Como o calorímetro não é ideal, ele também participa das trocas de calor, de modo que deve ser incluído na equação das trocas de calor:

$$Q_{cal} + Q_{ág} + Q_{Ag} = 0$$

$$10(T - 80) + 200 \times 1 \times (T - 80) + 40 \times 0{,}0564 \times (T - 10) = 0$$

$$T \cong 79{,}26\ ^oC$$

6) Dentro de um calorímetro ideal contendo 1,0 kg de água inicialmente à 20 ^{0}C, é inserido um pedaço de gelo com 100 g inicialmente à – 50 ^{0}C. Determine a temperatura de equilíbrio térmico.

Resolução

Antes de utilizar a equação do calorímetro, façamos uma pesquisa para se determinar a quantidade de calor que cada amostra precisa trocar, para se atingir a temperatura de transição de fase, no caso 0 ^{0}C, como mostra o esquema ilustrado abaixo:

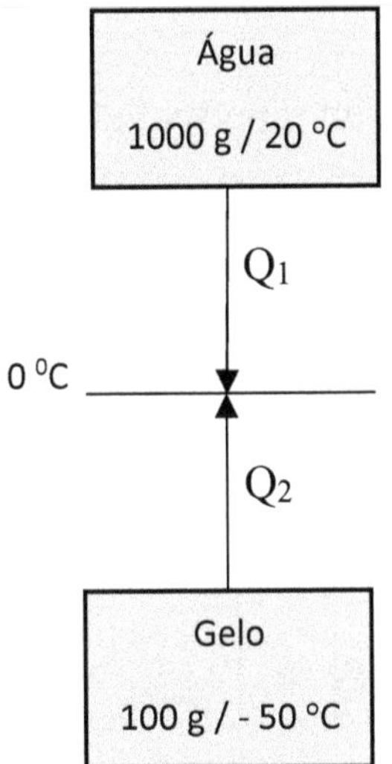

Para que a água atinja o ponto de solidificação, ela deve perder:

$$Q_1 = 1000 \times 1{,}0 \times (0 - 20) = -20000 \text{ cal}$$

Para que o gelo atinja o ponto de fusão, ele deve receber:

$$Q_2 = 100 \times 0{,}5 \times [0 - (-50)] = 2500 \text{ cal}$$

Conclui-se que o gelo atingirá o ponto de fusão antes que a água atinja seu ponto de solidificação. Nesse instante, a água líquida ainda dispõe de 17500 calorias para ceder ao gelo na temperatura de fusão. Para fundir completamente o gelo precisa receber

$$Q_3 = 100 \times 80 = 8000 \quad \text{cal}$$

A soma Q_2 com Q_3 resulta 10500 cal, significando que a água possui essa quantidade de calor para ceder, além de mais 9500 cal. Logo, toda a amostra de gelo se transformará em água líquida.

Aplicando-se a Equação 7.1 e considerando todo o processo até o equilíbrio térmico:

$$Q_{ág} + Q_2 + Q_3 + Q_4 = 0$$

$$1000 \times 1{,}0 \times (T - 20) + 2500 + 8000 + 100 \times 1{,}0 \times (T - 0) = 0$$

$$T = 8{,}64\,^0\text{C}$$

Até se atingir o equilíbrio térmico, a quantidade $Q_{ág}$ corresponde à quantidade de calor cedido pela massa de água inicialmente à 20 ^{0}C, enquanto Q_4 corresponde à quantidade de calor recebida pela massa de água proveniente do gelo após sofrer fusão completa, e que começa a se aquecer a partir de 0 ^{0}C.

O processo em sua totalidade pode ser assim representado:

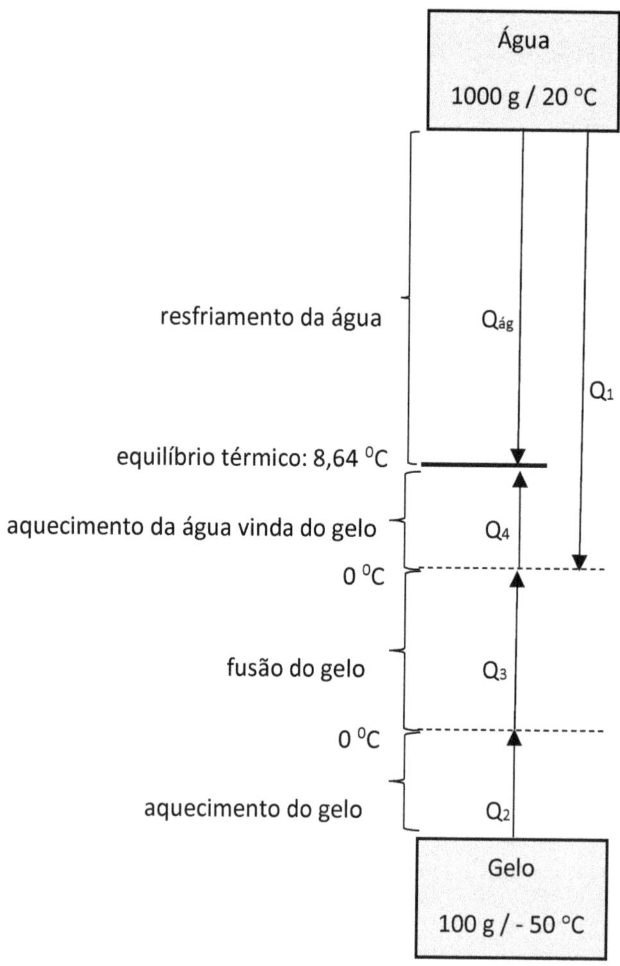

7) Dentro de um reservatório termicamente isolado, 50 gramas de gelo no estado fundente é transformado em água líquida até 60 °C em 14 minutos, através de um aquecedor que fornece calor a uma taxa constante. Determine a potência desse aquecedor.

Resolução

Gelo no estado fundente significa que ele se encontra na temperatura de fusão, ou seja, zero grau Célsius. Assim a primeira etapa é a própria fusão total do gelo, sendo seguida do aquecimento da água resultante de zero até 60 °C. O calor total fornecido pelo aquecedor é, então:

$$Q = mL_f + mc_l\Delta T \rightarrow Q = 50 \times 80 + 50 \times 1 \times (60 - 0) = 7000 \text{ cal}$$

Pela fórmula da potência:

$$P = \frac{Q}{\Delta t} = \frac{7000}{14} = 500 \ \frac{cal}{min}$$

Passando para o Sistema Internacional:

$$P = 500 \times \frac{4,2}{60} \rightarrow P = 35 \ \frac{J}{s} = 35 \ W$$

EXERCÍCIOS PROPOSTOS

Quando preciso, consultar o Anexo II para valores de calor específico e calor latente

1) Transforme os seguintes valores de temperatura:

a) 35 graus Célsius em Fahrenheit, Kelvin e Rankine

b) – 49 graus Fahrenheit em Célsius, Kelvin e Rankine

c) 368 Kelvin em Célsius, Fahrenheit e Rankine

d) 360 graus Rankine em Célsius, Fahrenheit e Kelvin

2) Determine a temperatura que, nas escalas Célsius e Fahrenheit, apresenta o mesmo valor numérico.

3) Determine a temperatura que, nas escalas Kelvin e Fahrenheit, apresenta o mesmo valor numérico.

4) Determine a temperatura cujo valor na escala Fahrenheit é igual ao dobro da verificada na escala Célsius.

5) Determine a temperatura cujo valor na escala Fahrenheit é a metade da verificada na escala Kelvin.

6) A tabela mostra a relação entre os pontos fixos de duas escalas arbitrárias X e Y:

	X	Y
ponto de vaporização	90	120
ponto de fusão	- 15	20

a) monte a equação termométrica entre estas duas escalas

b) determine o valor de Y quando X = 27

c) determine o valor de X quando Y = 0

d) determine o valor de temperatura cujo valor coincide nas duas escalas

7) Duas escalas A e B apresentam os seguintes pontos fixos:

	A	B
temperatura de vaporização	100	340
temperatura de fusão	- 20	20

a) monte uma equação termométrica entre ambas

b) determine o valor de A quando B = 120 ^{0}C

c) determine um valor coincidente entre as duas escalas

8) O gráfico mostra a relação termométrica entre duas escalas arbitrárias X e Y:

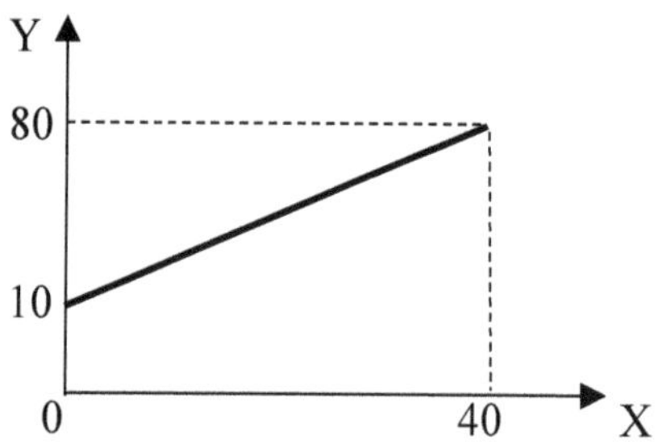

a) monte a equação termométrica entre elas

b) determine o valor de Y quando X = 50

c) determine o valor de X quando Y = – 130

9) A tabela mostra a relação entre a temperatura T em graus Célsius com o comprimento L em milímetros de uma haste metálica:

T (°C)	L (mm)
100	50,8
0	50

a) monte uma equação termométrica entre as grandezas T e L

b) determine a temperatura da haste quando L = 50,6 mm

c) determine o comprimento da haste quando T = 95° C

10) Uma régua feita de metal tem comprimento 12,000 cm à 0 ^{0}C e 12,040 cm à 100 ^{0}C. Determine a temperatura quando a régua apresentar comprimento de 12,008 cm.

11) A tabela mostra a relação entre temperatura em grau Fahrenheit, e a correspondente pressão de um gás em milímetros de mercúrio:

T (°F)	p (mmHg)
212	60
32	20

a) monte uma equação termométrica entre estas duas grandezas

b) determine a temperatura quando a pressão é igual a 180 mmHg

c) determine a pressão do gás quando sua temperatura é igual a – 31° F

12) Determine a quantidade mínima de calor que deve ser fornecida à uma amostra de gelo com 200 g inicialmente à – 20 ^{0}C, para fundi-la completamente.

13) Determine a quantidade de calor que deve ser fornecida à 200 gramas de uma amostra de gelo inicialmente à – 50 °C, para atingir a temperatura de:

a) – 10 °C b) 10 °C c) 120 °C

14) É dado o gráfico da variação da temperatura em graus Célsius, de uma amostra com 500 gramas, em função do calor que lhe é fornecido em quilocalorias:

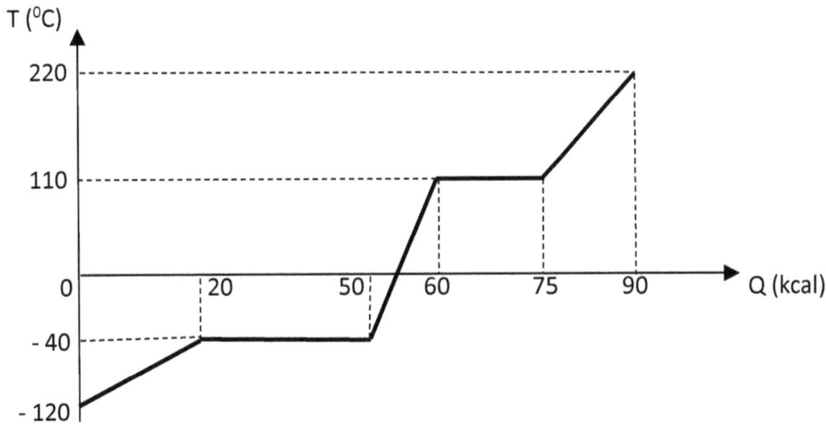

Determine:

a) o calor específico na fase sólida

b) o calor específico na fase líquida

c) o calor específico na fase gasosa

d) o calor latente de fusão

e) o calor latente de vaporização

15) É dado o gráfico da variação da temperatura em graus Célsius de 10 quilogramas de uma amostra, em função do calor que lhe é retirado em quilojoules:

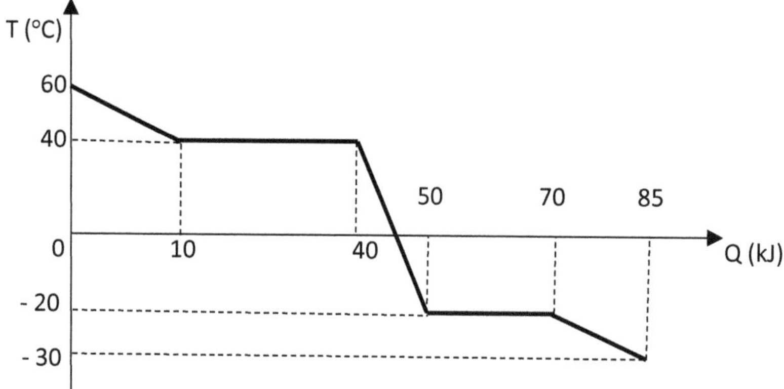

Determine:

a) o calor específico na fase sólida

b) o calor específico na fase líquida

c) o calor específico na fase gasosa

d) o calor latente de condensação

e) o calor latente de solidificação

16) Numa experiência realizada em laboratório, uma amostra com 4,0 kg de água inicialmente na fase líquida é aquecida de 10 a 90 °C, num intervalo de 30 minutos. Determine a potência do aquecedor.

17) O gráfico mostra uma curva de aquecimento de uma amostra, inicialmente na fase sólida, com 600 gramas:

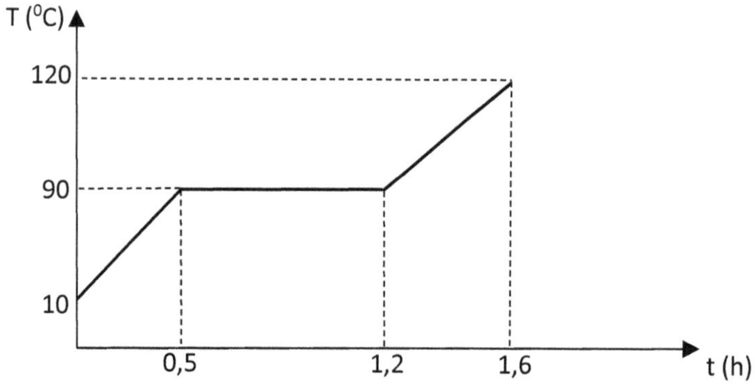

Sendo a potência de aquecimento constante e igual a 2,0 kW, determine os calores específicos nas fases sólida e líquida, e o calor latente de fusão.

18) Um refrigerador transforma 2,0 quilogramas de água líquida, inicialmente à 40 °C, em gelo à – 60 °C, num intervalo de 15 minutos. Determine a potência do refrigerador em quilowatts.

19) Num refrigerador onde se retira calor a uma taxa constante, são colocadas 500 gramas de água, inicialmente à 80 ^{0}C. O processo se encerra após 28 minutos, quando a amostra da água solidificada entra em equilíbrio térmico com o refrigerador. O gráfico mostra como varia a temperatura da água em função do tempo em minutos.

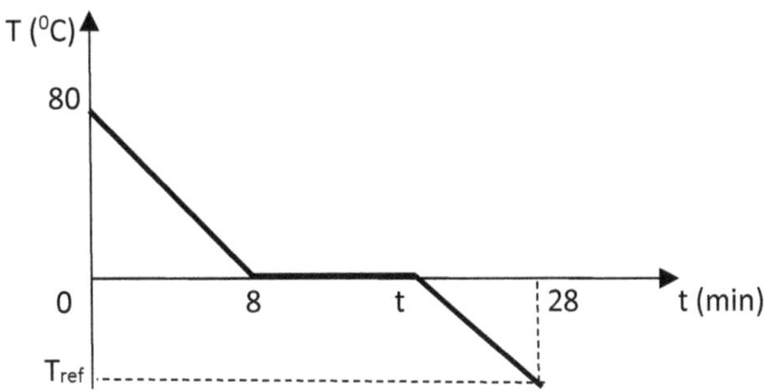

Determine:

a) a potência do refrigerador

b) o valor de t no gráfico, quando se encerra o processo de solidificação da água

c) a temperatura T_{ref}

d) a massa de água solidificada em gelo no instante 10 minutos.

20) Num calorímetro ideal, uma amostra de 80 gramas é mergulhada em 400 g de água líquida, inicialmente à 20 °C. Sabendo que o calor específico da amostra é igual a 0,28 cal/(g.^{0}C) e que a temperatura de equilíbrio é de 25 °C, determine a temperatura inicial da amostra.

21) Dentro de um calorímetro ideal, uma amostra com 100 gramas e inicialmente aquecida até 280 °C, troca calor com 300 gramas de água na fase líquida e inicialmente à 20 °C. Sabendo que a temperatura de equilíbrio térmico é 82 °C, determine o calor específico do material que constitui a amostra.

22) Num calorímetro ideal, 600 gramas de água inicialmente à 20 °C, troca calor com uma amostra de bronze com 50 gramas e inicialmente à 110 °C. Sabendo que o calor específico do bronze é igual a 0,092 cal/(g.^{0}C), determine a temperatura de equilíbrio térmico da mistura.

23) Num calorímetro ideal, 400 gramas de água líquida inicialmente à 40 °C, é misturada com 90 gramas de gelo inicialmente à – 30 °C. Determine o estado final de equilíbrio térmico (fases e temperatura)

24) Dentro de um calorímetro ideal, 30 gramas de água líquida inicialmente à 40 °C, troca calor com 100 gramas de gelo inicialmente a – 40 °C. Determine o estado final dessa mistura.

25) Dentro de um calorímetro ideal, 100 gramas de água inicialmente à 80 °C, troca calor com 50 gramas de vapor inicialmente à 130 °C. Determine o estado final dessa mistura.

26) Dentro de um calorímetro ideal, 50 g de gelo inicialmente à – 20 °C troca calor com 30 g de vapor d'água inicialmente à 120 °C. Determine o estado de equilíbrio térmico dessa mistura.

27) Dentro de um calorímetro ideal, 20 gramas de água inicialmente à 20 °C, troca calor com 10 gramas de vapor d'água inicialmente à 180 °C e uma amostra de gelo com 20 gramas inicialmente a – 20 °C. Determine o estado final dessa mistura.

28) Num calorímetro de capacidade térmica igual a 50 cal/^{0}C, à princípio em equilíbrio térmico com 300 gramas de água líquida contida em seu interior e à 50 °C, é inserido uma amostra de chumbo com 150 gramas. Verifica-se que a temperatura de equilíbrio térmico do conjunto é igual a 55 °C. Determine a temperatura inicial da amostra.

29) Um calorímetro com capacidade térmica igual a 60 cal/^{0}C está à princípio em equilíbrio térmico com 500 gramas de água líquida à 25 °C. Num dado momento é atirado em seu interior um fragmento de tungstênio de 100 gramas e à 100 °C, junto com outro fragmento de cobre de 40 gramas e à 0 ^{0}C. Determine a temperatura de equilíbrio térmico do sistema calorímetro + água + tungstênio + cobre.

30) É dado o gráfico de aquecimento de uma amostra de massa m inicialmente no estado sólido, onde sua temperatura T está em função do calor recebido Q:

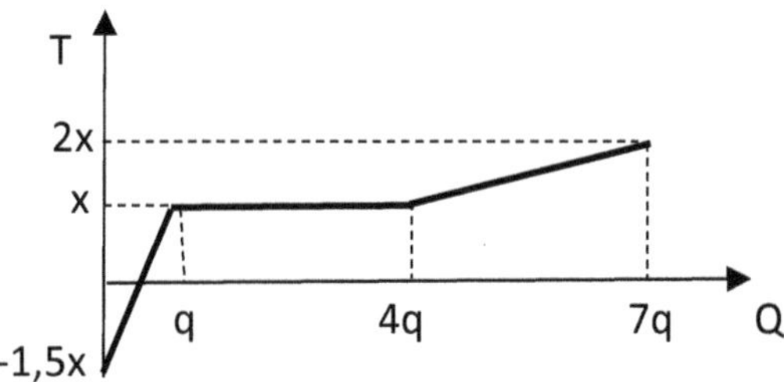

Determine:

a) a relação $\frac{c_l}{c_s}$ entre os calores específicos c_l da fase líquida e c_s da fase sólida

b) o calor latente de fusão em função dos dados do enunciado e do gráfico

c) em qual destes dois estados físicos a amostra é melhor condutora de calor? Justifique.

31) O gráfico mostra como a temperatura varia em função do calor recebido para três amostras distintas A, B e C, todas de mesma massa e no mesmo estado físico:

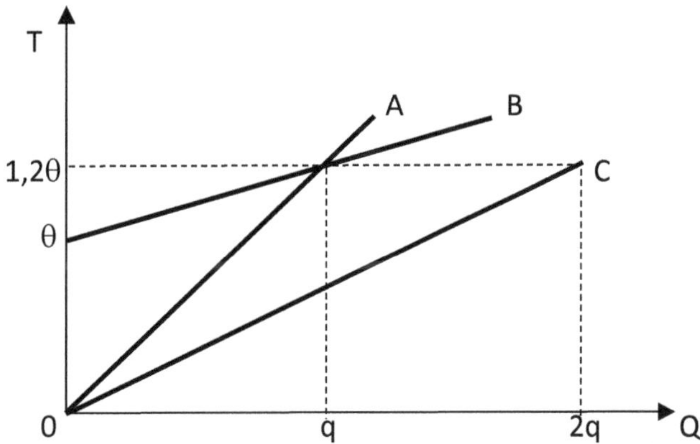

Determine:

a) os calores específicos das amostras A e B em função do calor específico da amostra C

b) qual das três amostras conduz melhor o calor? E pior? Justifique.

c) qual dedução interessante se pode retirar deste tipo de gráfico, quando se pretende comparar calores específicos?

32) O gráfico mostra como varia a temperatura de três amostras A, B e C, com $m_A = 2m_C$ e $m_B = 0{,}5m_C$

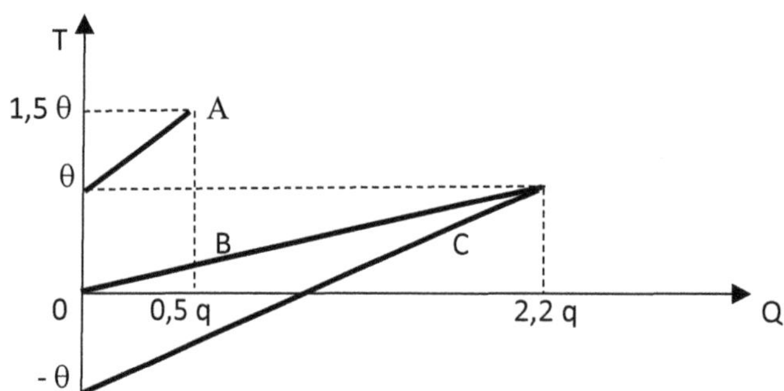

Refaça o gráfico para uma quantidade fixa q de calor fornecida à cada unidade de massa de cada amostra, ou o gráfico $T \times \frac{Q}{m}$, com todas iniciando na mesma temperatura θ.

33) Considere um calorímetro contendo 10 g de água, ambos em equilíbrio térmico à temperatura de 20 °C. Um fragmento metálico de massa 200 g e à temperatura de 90 °C é atirado no interior do calorímetro e, em seguida, fechado e isolado do meio exterior. Verificou-se no termômetro acoplado ao calorímetro que, após um certo tempo, a temperatura de equilíbrio térmico foi de 60 °C para o sistema calorímetro + água + fragmento. Sendo o calor específico do metal 0,1 cal/(g.^{0}C), determine:

a) a quantidade de calor cedida pelo fragmento metálico até o equilíbrio térmico

b) a capacidade térmica do calorímetro, sendo sua massa igual a 20 g

34) O gráfico representa a variação de temperatura de uma amostra de água, inicialmente no estado líquido e a 60 °C, em função do intervalo de tempo:

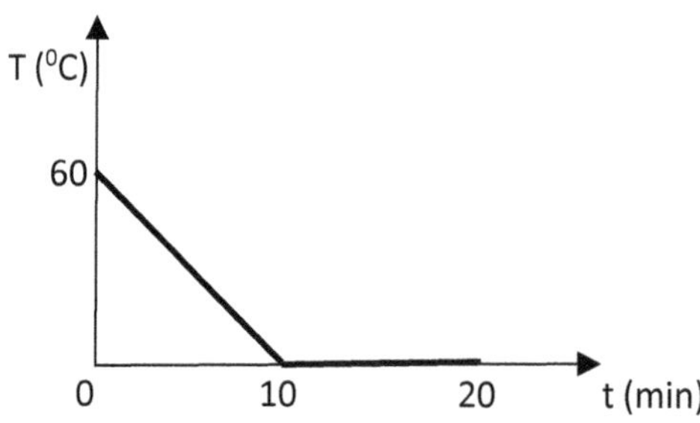

Considerando que o calor é extraído da água a uma taxa constante de 10 cal/s, determine a quantidade de água que ainda restará, em gramas, no instante 20 minutos.

CAPÍTULO 2

DILATOMETRIA

- A DILATAÇÃO TÉRMICA
- DILATAÇÃO LINEAR
- DILATAÇÃO SUPERFICIAL
- DILATAÇÃO VOLUMÉTRICA

A dilatação térmica

Foi mencionado no capítulo anterior que todo material que troca calor tem seu volume alterado, normalmente aumentando à medida que recebe calor[14]. Em alguns casos é interessante conhecer detalhes a respeito, como nas *juntas de dilatação*, que absorvem as dilatações dos materiais à sua volta provocadas pelas variações climáticas. A Figura 1.2 mostra um exemplo da importância desses dispositivos.

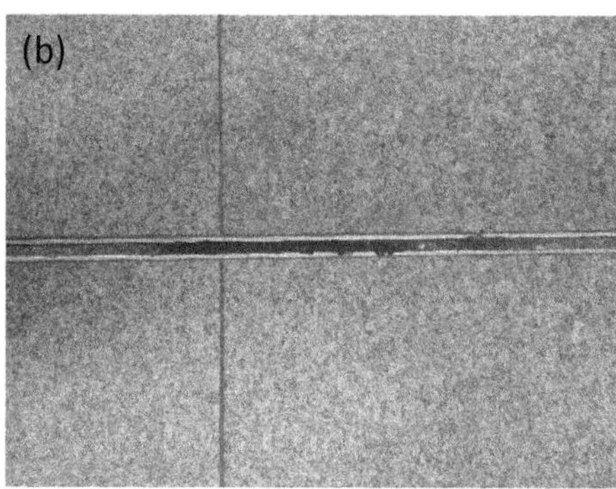

Figura 1.2- Em (a) rachadura em piso de concreto provocada pela dilatação térmica; em (b) junta de dilatação entre placas de um piso. Arquivo do autor.

A *dilatometria* tem por objetivo medir a dilatação provocada pela troca de calor, além de definir seus parâmetros. Verifica-se que a dilatação de um dado material homogêneo, depende de três fatores:

- *tamanho inicial*

- *variação de temperatura*

- *natureza do material*

Em qualquer material a dilatação sempre ocorre num espaço tridimensional, embora o estudo pode ser simplificado conforme o formato da peça que sofre dilatação. Em outras palavras, a dilatação numa dada direção pode ser muito maior do que nas outras, a ponto de estas outras poderem ser desprezadas.

No caso de uma agulha, por exemplo, a dilatação é preferencial ao longo de seu comprimento, sendo muito pequena no seu diâmetro. No caso de uma chapa fina, a dilatação ocorre ao longo de seu comprimento e de sua largura, sendo desprezível na sua espessura.

---

[14] Existem exceções. Por exemplo: a água contrai quando aquecida de 0 a 4 ^{o}C.

Dilatação linear

É o que ocorre com materiais finos e longos, como agulhas, hastes, cabos e fios. A Figura 2.2 mostra uma representação desta dilatação.

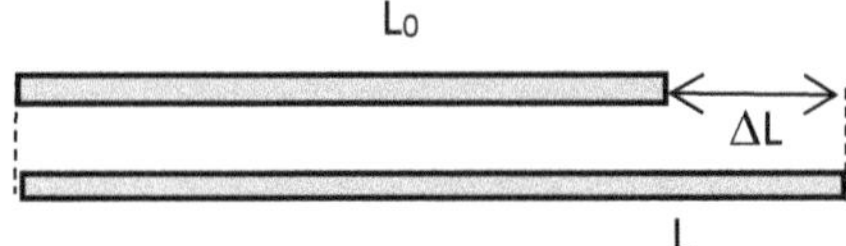

Fig.2.2 – Representação de uma dilatação linear.

Considerando o comprimento inicial L_0, comprimento final L e uma variação de temperatura ΔT, a dilatação linear ΔL pode ser determinada por:

$$\Delta L = L - L_0 = \alpha L_0 \Delta T \qquad \text{Eq.1.2}$$

onde α é o *coeficiente de dilatação linear* do material[15], normalmente medido em $^0C^{-1}$, e $\Delta T = T_{final} - T_{inicial}$.

No Anexo III se encontra uma tabela de coeficientes de dilatação para alguns materiais.

Para prevenir efeitos nocivos que uma dilatação linear pode provocar em trilhos de trem, por exemplo, dado seu longo comprimento e exposição direta às diárias variações climáticas, é comum manter suas extremidades separadas por alguns milímetros, para que a dilatação não afete os trilhos adjacentes, como mostra a Figura 3.2:

Fig.3.2 – Folga entre trilhos de uma linha ferroviária, para permitir a dilatação térmica sem causar tensão mecânica entre eles. Arquivo do autor.

[15] À rigor esse coeficiente muda com a temperatura, embora essa mudança pode ser desconsiderada para variações não muito grandes de temperatura.

Dilatação superficial

É o que ocorre com materiais planos como chapas, placas, anéis e argolas. A Figura 4.2 mostra uma representação desta dilatação.

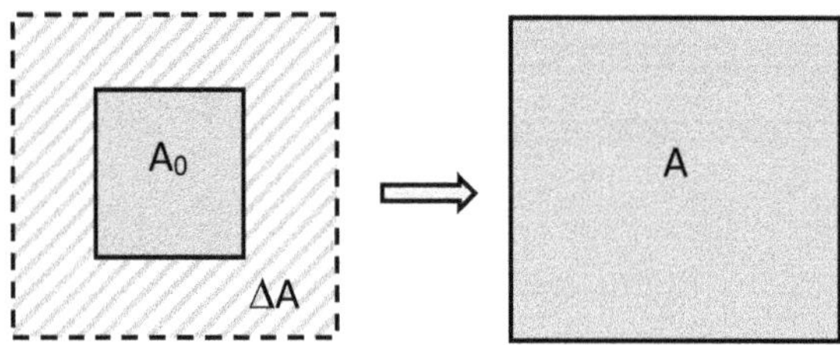

Fig.4.2 – Representação de uma dilatação superficial. A área hachurada que envolve a área inicial corresponde ao acréscimo de área adquirido na dilatação.

Considerando a área inicial A_0, área final A e uma variação de temperatura ΔT, a dilatação superficial ΔA pode ser determinada por:

$$\Delta A = A - A_0 = \beta A_0 \Delta T \qquad \text{Eq.2.2}$$

onde β é o *coeficiente de dilatação superficial*, sendo $\beta = 2\alpha$.

Dilatação volumétrica

É o caso da dilatação verificada em blocos, esferas, cubos, recipientes e líquidos. A Figura 5.2 mostra uma representação.

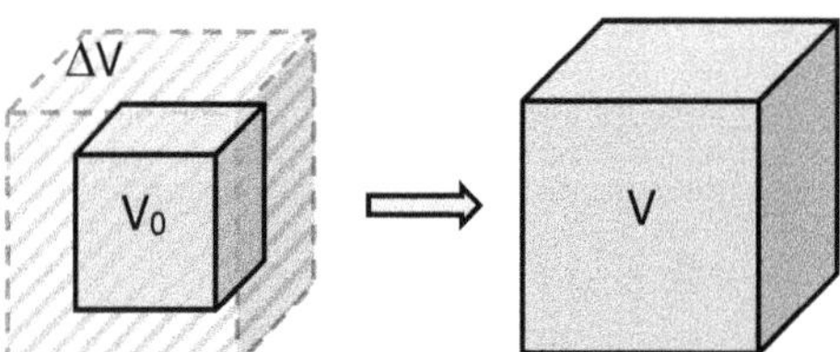

Fig.5.2 – Representação de uma dilatação volumétrica. O volume hachurado que envolve o volume inicial corresponde ao acréscimo de volume adquirido na dilatação.

Considerando o volume inicial V_0, volume final V e uma variação de temperatura ΔT, a dilatação volumétrica ΔV pode ser calculada por:

$$\Delta V = V - V_0 = \gamma V_0 \Delta T \qquad \text{Eq.3.2}$$

onde γ é o *coeficiente de dilatação volumétrica*, sendo $\gamma = 3\alpha$.

Um caso particular de dilatação volumétrica ocorre em líquidos, visto que o recipiente que o contém também sofre dilatação, sendo necessário, portanto, considerar esse efeito. Normalmente os líquidos sofrem dilatação térmica mais acentuada que os sólidos, e se considerarmos um recipiente completamente cheio com um líquido, na dilatação térmica de ambos uma parte do líquido extravasará, enquanto outra parte ocupará o espaço aberto pela dilatação do recipiente.

A Figura 6.2 ilustra essa dupla dilatação simultânea.

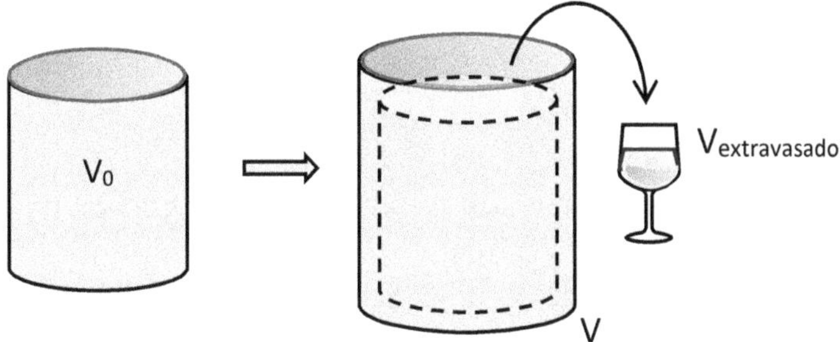

Fig.6.2 – Representação de uma dilatação volumétrica, obtida pela soma do volume final V do recipiente com o volume extravasado.

O volume extravasado é também chamado de *dilatação aparente*, e a *dilatação real* de um líquido é dada por:

$$\Delta V_{real} = \Delta V_{aparente} + \Delta V_{recipiente} \qquad \text{Eq.4.2}$$

onde $\Delta V_{recipiente} = V - V_0$.

Aplicando a Equação 3.2 para cada uma das dilatações da Equação 4.2:

$$\gamma_{real} V_0 \Delta T = \gamma_{aparente} V_0 \Delta T + \gamma_{recipiente} V_0 \Delta T$$

Como o fator $V_0\Delta T$ é comum, pode ser cancelado, de modo que:

$$\gamma_{real} = \gamma_{aparente} + \gamma_{recipiente} \qquad \text{Eq.5.2}$$

EXERCÍCIOS MODELOS

1) Duas barras A e B, feitas com materiais distintos, apresentam comprimentos iniciais L_A e $L_B = 1,5L_A$. Qual deve ser a relação entre seus respectivos coeficientes de dilatação linear, para que fiquem com o mesmo comprimento final após uma mesma variação de temperatura?

Resolução

As dilatações lineares de cada barra são, de acordo com a Equação 1.2:

$$\Delta L_A = \alpha_A L_A \Delta T$$

$$\Delta L_B = \alpha_B L_B \Delta T = 1{,}5\alpha_B L_A \Delta T$$

Os comprimentos finais então serão:

$$L_A + \alpha_A L_A \Delta T = 1{,}5L_A + 1{,}5\alpha_B L_A \Delta T \Rightarrow \alpha_A \Delta T = 0{,}5 + 1{,}5\alpha_B \Delta T$$

$$\alpha_A = \frac{1}{2}\left(\frac{1}{\Delta T} + 3\alpha_B\right)$$

Se, por exemplo, $\alpha_B = 10^{-5}\ {}^0C^{-1}$ e $\Delta T = 10^2\ {}^0C$: $\alpha_A = 5{,}015 \times 10^{-3}\ {}^0C^{-1}$. Ou seja, o coeficiente de dilatação linear de A deve ser maior que o de B, para compensar seu comprimento menor.

2) Um anel circular feito de ouro tem raio inicial de 5 cm a uma temperatura de 0 ^{0}C. Após aquecimento até 100 ^{0}C, determine a dilatação superficial do anel.

Resolução

A área inicial do anel é $A = \pi \times 5^2 = 25\pi$ cm^2, e a dilatação superficial do anel é dada pela Equação 2.2:

$$\Delta A = \beta A_0 \Delta T = 2 \times 15 \times 10^{-6} \times 25\pi \times 10^2 \Rightarrow \Delta A = 75\pi \times 10^{-3} \cong 0{,}2356 \quad cm^2$$

Digno de nota é que, se no lugar do anel fosse um disco de ouro, a dilatação seria a mesma, o que significa dizer que a cavidade que porventura existir numa peça, se dilata como se fosse preenchida pelo material que o envolve.

3) Um recipiente de vidro pirex de 50 cm^3 está completamente preenchido com mercúrio líquido. Após um aquecimento de 100 ^{0}C, determine:

a) a dilatação real do mercúrio

b) a dilatação do recipiente

c) a dilatação aparente do mercúrio

Resolução

a) coeficientes de dilatação de líquidos são sempre volumétricos, logo, aplicando a Equação 3.2:

$$\Delta V_{real} = 180 \times 10^{-6} \times 50 \times 100 = 0{,}900 \text{ cm}^3$$

b)

$$\Delta V_{rec} = 3 \times 3{,}2 \times 10^{-6} \times 50 \times 100 = 0{,}048 \text{cm}^3$$

c) Aplicando a Equação 4.2:

$$\Delta V_{ap} = \Delta V_{real} - \Delta V_{rec} = 0{,}900 - 0{,}048 = 0{,}852 \text{ cm}^3$$

é o volume de mercúrio que extravasa.

EXERCÍCIOS PROPOSTOS

No Anexo III se encontra uma lista de coeficientes de dilatação linear

1) Determine a dilatação térmica de uma haste de bronze, inicialmente com 4,0 cm de comprimento, após sofrer uma elevação de 10 °C em sua temperatura.

2) Determine o coeficiente de dilatação linear de uma barra, inicialmente em 200 cm de comprimento, sabendo que atinge o comprimento de 200,2 cm após aquecer de 200 ^{0}C.

3) Uma barra de cobre com 40 cm de comprimento está disposta entre duas paredes separadas por 40,5 cm, como mostra a figura.

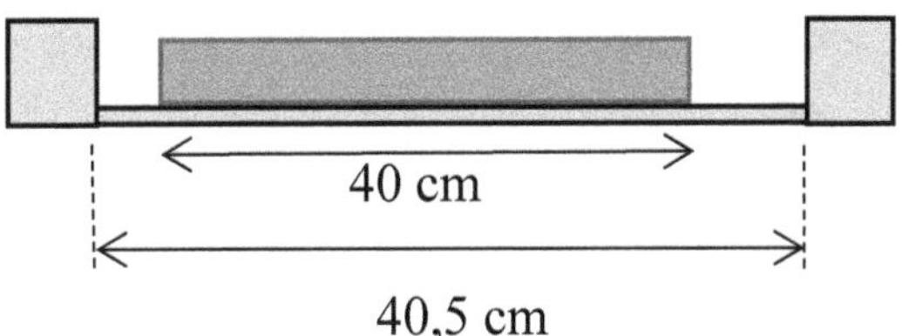

Sabendo que a distância entre as paredes não se altera, determine a variação mínima de temperatura para que a barra toque nas duas paredes por efeito de dilatação térmica.

4) Duas barras com um metro de comprimento cada, sendo uma de chumbo e outra de aço, estão dispostas como mostra a figura:

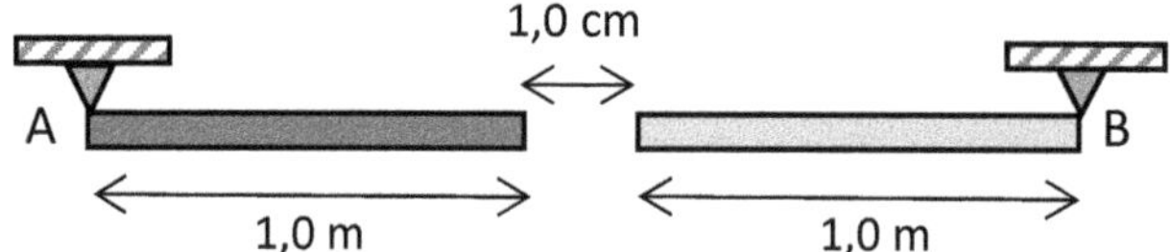

Nas extremidades em A e B as barras estão impedidas de se mover e um espaço de 1,0 cm separa as extremidades livres. Determine a mínima elevação de temperatura para que as extremidades livres das barras se toquem, de modo a cobrir a distância de separação entre elas.

5) O gráfico mostra como varia o comprimento de uma barra em função de sua temperatura.

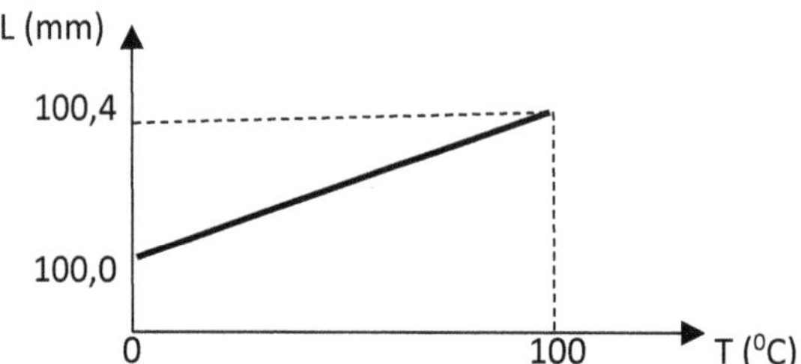

Determine o coeficiente de dilatação linear da barra.

6) Três fios metálicos A, B e C têm seus comprimentos L variando em função da temperatura T, como mostra o gráfico:

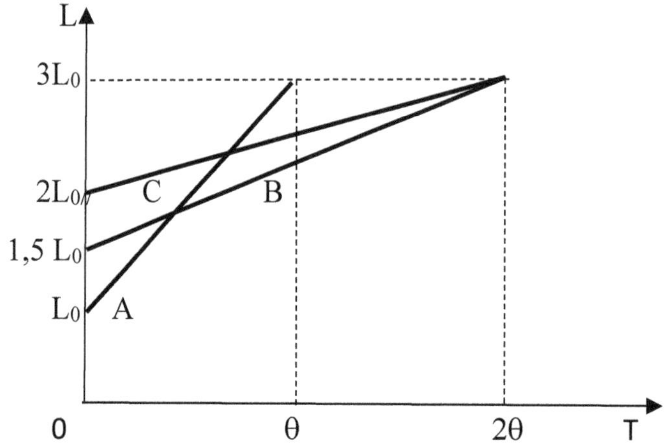

Disponha os respectivos coeficientes lineares de dilatação térmica α_A, α_B e α_C na ordem crescente de valor.

7) O gráfico mostra a como varia a dilatação ΔL de duas barras A e B, em função da temperatura T. Sabendo que o comprimento inicial é o mesmo para ambas, determine a relação entre seus coeficientes lineares de dilatação.

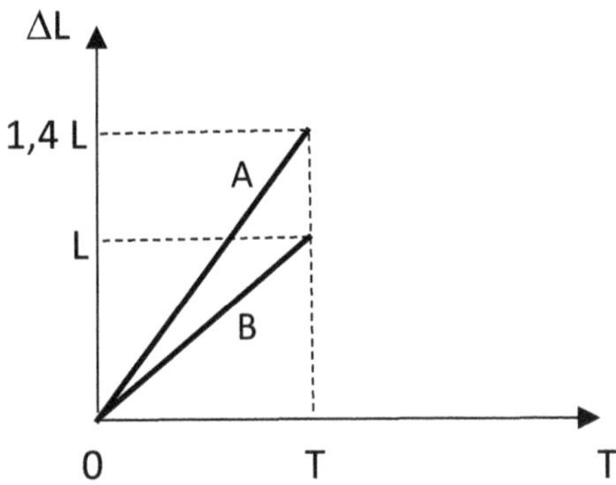

8) Uma viga horizontal está apoiada em duas barras A e B, como mostra a figura:

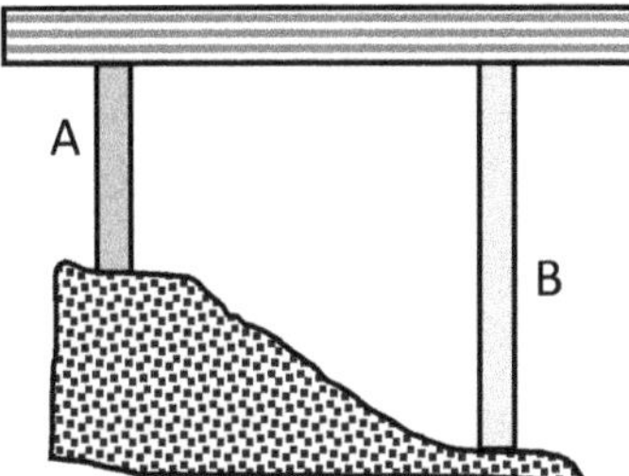

Sabendo que o comprimento inicial de B é 1,5 vezes maior do que o comprimento inicial de A, estabeleça uma relação entre os coeficientes de dilatação lineares de A e B, para que a viga se mantenha na posição horizontal em qualquer temperatura.

9) Uma viga horizontal é sustentada por dois pilares A e B, como mostra a figura.

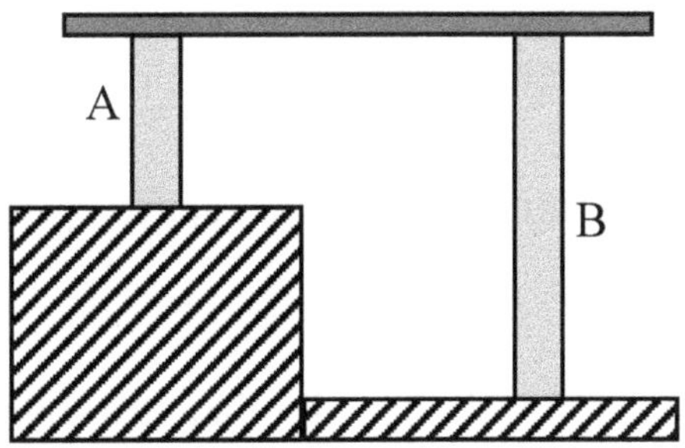

Sabendo que o comprimento inicial do pilar B é o dobro do comprimento inicial do pilar A, determine a relação entre os coeficientes lineares dos pilares, para que a viga se mantenha na horizontal para qualquer mudança de temperatura.

10) Uma lâmina bimetálica pode ser confeccionada através de duas hastes (ou placas) de mesmo comprimento (ou área), coladas e impedidas de escorregar uma na outra e com coeficientes de dilatação térmica diferentes, como mostra a figura:

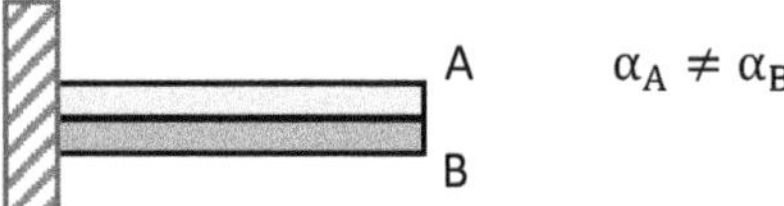

Essa lâmina é normalmente utilizada em geladeiras, ferros de passar e alarmes contra incêndio, visto que, quando ocorre acentuada variação de temperatura, ela se curva, de modo a fechar ou abrir um circuito por onde passa corrente elétrica. Trata-se, portanto, de um dispositivo de segurança. Supondo que, na figura dada, o coeficiente de dilatação de A seja maior do que o de B, como ela se curva durante uma elevação de temperatura (para cima ou para baixo)? Justifique a resposta.

11) O titânio e suas ligas são amplamente utilizados em próteses biocompatíveis. Para uma variação de temperatura de 5 °C, determine a dilatação linear de um pino de titânio com 4 cm de comprimento, sendo $8{,}5 \times 10^{-6}$ $^{0}C^{-1}$ seu coeficiente de dilatação térmico linear.

12) Um disco de chumbo com 1,0 cm de raio está concêntrico a uma argola de aço, cujo raio interno é igual a 1,004 cm e raio externo 1,2 cm, como mostra a figura:

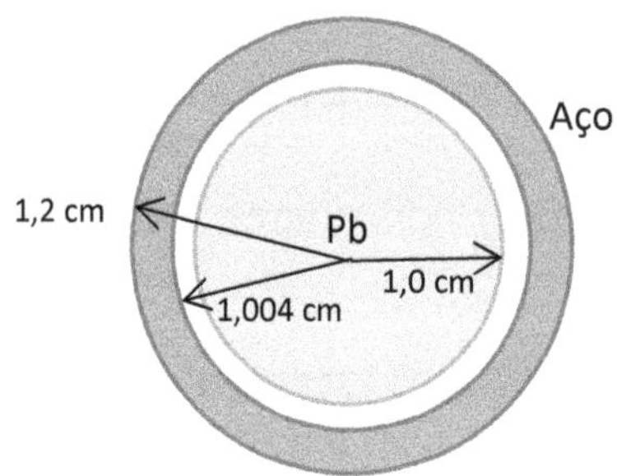

Determine a menor elevação de temperatura para que o espaço entre as duas peças seja preenchido pela dilatação de ambas.

13) Uma placa de cobre contém um furo circular de diâmetro 3,96 mm. Determine a menor elevação de temperatura que a placa deve se submeter para que o furo, após resfriamento, se encaixe prensado num rebite de diâmetro 4,0 mm.

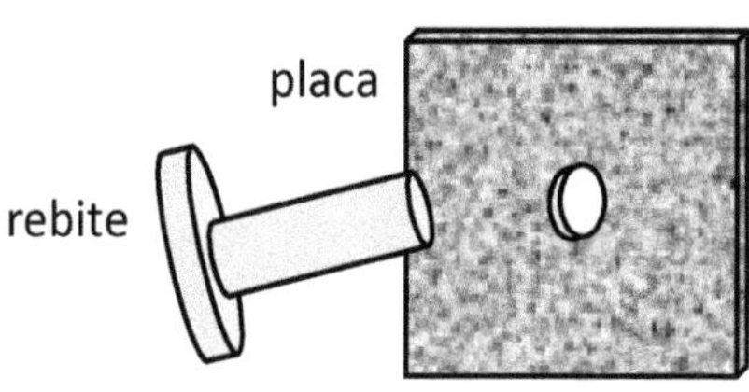

14) Um balão de vidro comum com capacidade inicial de 200 ml, contém 180 ml de acetona. Determine a elevação de temperatura para que o balão fique completamente ocupado com a acetona.

15) Uma proveta de 500 mL feita com vidro comum, contém 400 mL de um determinado líquido à 20 ^{0}C. Após a temperatura se elevar até 100 ^{0}C, verifica-se na graduação da proveta que o volume final do líquido é 404 ml. Sabendo que tanto a proveta como o líquido sofreram dilatação térmica, determine o coeficiente de dilatação volumétrica do líquido.

16) Um tambor cilíndrico feito de aço contém 700 litros de óleo, ambos inicialmente à temperatura de 20 °C. O reservatório tem raio da base 0,5 metro e altura 90 cm. Determine a temperatura a que o tambor e o óleo devam ser aquecidos para que o tambor fique totalmente preenchido com o óleo e sem que ocorra extravasamento. Considere ponto de ebulição do óleo igual a 180 °C. Dado: $\gamma_{óleo} = 9{,}5 \times 10^{-4}\ C^{-1}$.

17) Uma casca esférica feita de aço, com raio interno 9 mm e raio externo 12 mm é preenchida parcialmente com 3 mL de acetona, como mostra a figura.

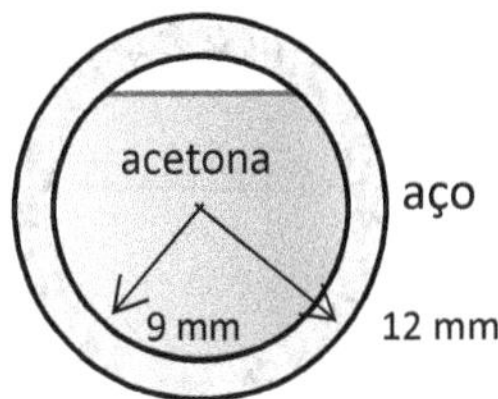

Começando à 10 °C, até que temperatura, no mínimo, o conjunto deve ser aquecido para a acetona preencher totalmente o interior da casca esférica? Dados: ponto de ebulição da acetona igual a 56 °C e volume da esfera de raio r igual a $\frac{4}{3}\pi r^3$.

18) Um recipiente de 500 mL feito de vidro pirex contém 495 mL de mercúrio líquido. Determine a elevação de temperatura desse recipiente para que o mercúrio preencha totalmente o recipiente, como mostra a figura:

19) Um recipiente de 500 mL feito de vidro pirex está totalmente preenchido com mercúrio líquido, ambos à 20 ºC. Após a temperatura ser elevada até 50 ºC, determine:

a) o volume de mercúrio extravasado

b) a dilatação volumétrica do mercúrio

c) o coeficiente de dilatação aparente do mercúrio

d) o volume de mercúrio que ainda permanece dentro do recipiente

20) Um recipiente é feito de vidro comum e seu gargalo é fechado por uma tampa feita de zinco, com volume inicialmente coincidente com o do gargalo e igual a 10 cm^3. Determinar a diferença de volume entre a tampa e o gargalo após uma elevação térmica de 30 ºC.

21) Numa experiência, um recipiente de um litro feito de alumínio é preenchido totalmente com um determinado líquido. Após aquecer ambos de 20 ºC, o volume do líquido extravasado foi igual a 5 mL. Determine o coeficiente de dilatação volumar desse líquido.

22) Num recipiente de um litro feito de alumínio está contido meio litro de mercúrio, além de um cubo maciço feito de ouro totalmente mergulhado no mercúrio e com 5,0 cm de aresta. Sabendo que a temperatura inicial é a mesma para os três, determine a variação de volume vazio dentro do recipiente após o sistema recipiente + mercúrio + cubo de ouro ser aquecido de 20 ºC até 80 ºC. Para mais ou para menos?

23) Uma caixa cúbica com 10 cm de aresta contém uma esfera inscrita em seu interior, como mostra a figura (em perspectiva e de perfil):

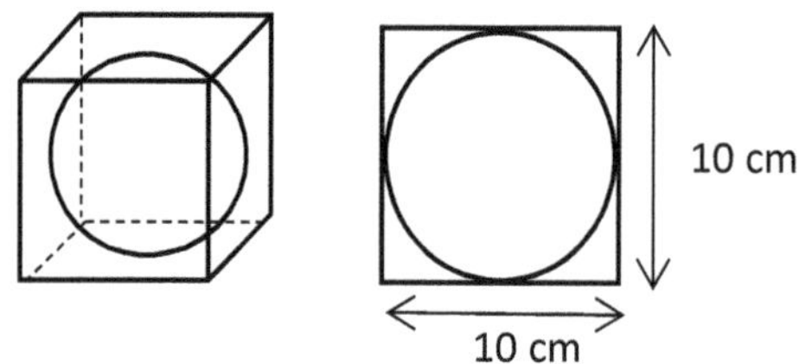

Sendo ambas são feitas de ferro, determine os volumes que permanecem vazios dentro da caixa, antes e após um aquecimento de 50 ºC.

24) Duas esferas homogêneas, cada uma com raio de 10 cm, estão conectadas através de uma barra de comprimento um metro, de modo que o conjunto se assemelha a um alteres:

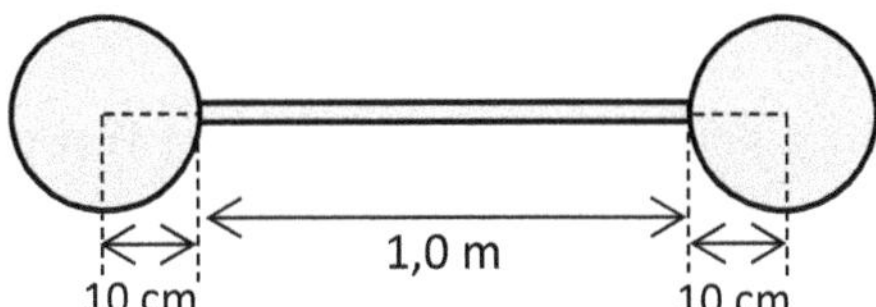

As três peças são feitas de aço e a temperatura inicial é igual à 20 ºC. Determine a variação da distância entre os centros de massa das esferas após o conjunto ser aquecido até 70 ºC.

25) Uma placa quadrada de arestas 20 cm e espessura desprezível, feita de latão, está apoiada por uma base em forma de paralelepípedo com altura 15 cm e base de arestas 30 e 10 cm, feita de ferro e apoiada num piso fixo, havendo entre ambos uma barra de espessura desprezível, feita de alumínio, de comprimento 50 cm, como mostra a figura:

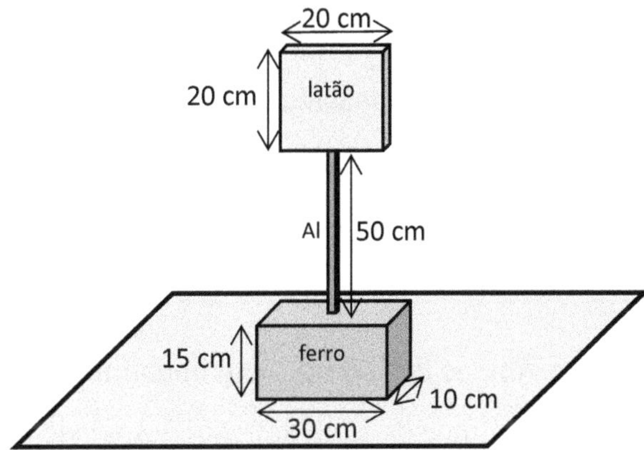

Sabe-se que, ao dilatar, o bloco de ferro mantém a proporção entre suas arestas, ou seja: 15:30:10 ou 3:6:2. Assim sendo, determine a distância entre os centros de massa do bloco de ferro e a placa de latão, após uma elevação de 100 ºC.

26) Considere três objetos feitos de chumbo: uma esfera, um disco e uma barra. A esfera e o disco possuem mesmo diâmetro e que é igual ao comprimento da barra, igual a 10 cm. Para uma variação de temperatura de 50 ºC, determine o percentual de dilatação nos três objetos.

27) De quanto deve aumentar a temperatura de um bloco de ferro para que seu volume aumente de 1% de seu volume inicial?

28) Um cubo de volume inicial V_0 apresenta uma dilatação de $0{,}009V_0$ após sua temperatura se elevar de 100 °C. Determine o coeficiente de dilatação linear deste cubo.

29) Um copo feito com de vidro comum tem, à 0 ^{0}C, um volume interno de 30 cm^3. Calcule o volume de mercúrio a ser colocado no copo, a fim de que o volume da parte vazia não se altere ao variar a temperatura.

30) Um béquer feito com vidro Pyrex tem capacidade de 700 mL. Qual o volume de glicerina que deve ser inserido no béquer, à 0 ^{0}C, para que o volume interno vazio não se altere com a temperatura?

31) Um aquário em forma de paralelepípedo com 20 cm de largura, 50 cm de comprimento e 30 cm de profundidade, contém benzeno até uma altura de 25 cm. Determine o quanto se modificou a altura do benzeno dentro do aquário, após um aquecimento de 20 °C. Despreze a expansão térmica do material em que o aquário é constituído.

32) Um tanque feito de latão com 1,0 m^3 de capacidade contém inicialmente metade de seu volume interno ocupado por álcool etílico. Considerando os coeficientes de expansão térmica do latão e do álcool constantes, determine o volume da parte vazia dentro do tanque, em litros, após um aquecimento de 80 °C.

33) Um jarro feito de bronze e com volume de 500 mL, tem inicialmente 400 mL de água. Após um aquecimento de 60 °C, que volume de água deve ser despejado dentro do tanque para completá-lo?

CAPÍTULO 3

TRANSMISSÃO DE CALOR

- FLUXO DE CALOR
- CONDUÇÃO
- CONVECÇÃO
- IRRADIAÇÃO

Como foi enfatizado no Capítulo 1, o calor sempre se propaga de uma região a outra ou de um corpo a outro, devido à diferença de temperatura entre as duas partes. Isto significa que o calor possui uma velocidade, cujo valor depende do meio por onde se propaga. A velocidade máxima é a mesma da luz no vácuo: 3×10^8 m/s.

Fluxo de calor

Considere uma fonte F irradiando calor por toda sua volta e uma janela virtual em sua vizinhança, como mostra a Figura 1.3.

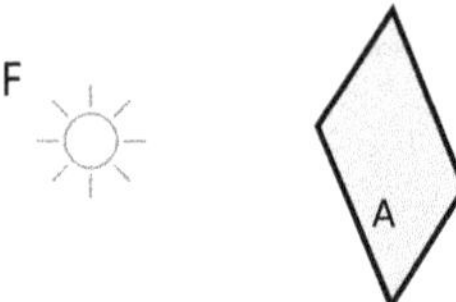

Fig.1.3 – Uma fonte F de calor e uma janela virtual nas proximidades.

A quantidade de calor Q que atravessa essa área A num intervalo de tempo Δt define sua *densidade de fluxo de calor* ϕ, cuja fórmula é:

$$\emptyset = \frac{Q}{A\,\Delta t} \qquad \text{Eq.1.3}$$

Logo, no Sistema Internacional a densidade de fluxo de calor é medida em $\frac{J}{m^2 s}$.

A densidade de fluxo de calor exprime, portanto, o quanto de calor atravessa cada unidade de área em uma unidade de tempo.

Existem três formas para o calor se propagar: *condução*, *convecção* e *irradiação*.

Condução

Essa forma de propagação é típica de ocorrer em meios sólidos, pois seus átomos não abandonam suas posições, de modo que o calor é transmitido sem arrastar matéria consigo. À nível microscópico e assim que um átomo recebe energia calórica, passa a vibrar com mais intensidade, transmitindo essa energia aos átomos vizinhos.

Uma relação entre a quantidade de calor por condução com o material que ele atravessa, é dada pela *lei de Fourier*. Suponha um material disposto entre duas fontes térmicas com temperaturas T_+ e T_- , sendo T_+ a temperatura da fonte quente e T_- a temperatura da fonte fria, mantidas constantes, e A a área do material transversal ao fluxo de calor, como mostra a Figura 2.3.

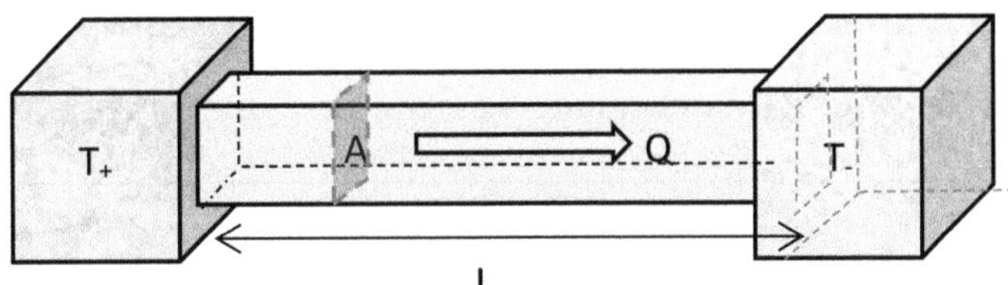

Fig.2.3 – Uma barra colocada entre duas fontes térmicas, de comprimento L e seção constante A transversal ao fluxo de calor Q.

Para se evitar perdas, a barra pode ser revestida com uma manta isolante, de modo a assegurar que o calor seja conduzido unicamente da fonte quente para a fonte fria.

Considere agora um eixo orientado no sentido da transmissão do calor, com origem na extremidade da barra em contato com a fonte quente, como mostra a Figura 3.3:

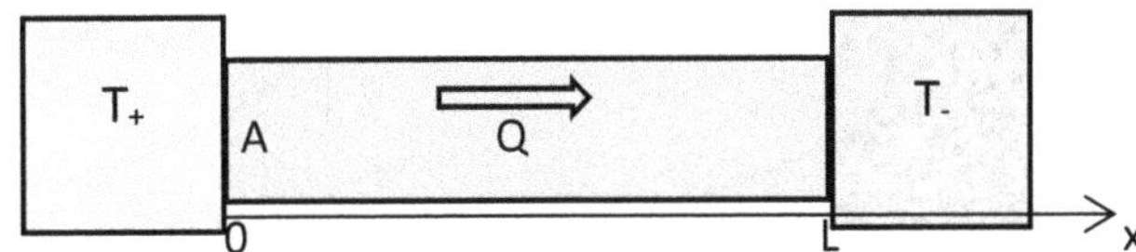

Fig.3.3 – Eixo orientado no sentido do fluxo de calor.

Pela lei de Fourier, a quantidade de calor Q que atravessa a seção transversal A da barra num intervalo de tempo Δt, define o *fluxo de calor* ou ainda a *taxa de condução de calor*:

$$\frac{Q}{\Delta t} = -KA\frac{dT}{dx} \qquad \text{Eq.2.3}$$

onde K é a *condutividade térmica do material*, e $\frac{dT}{dx}$ uma medida da variação diferencial da temperatura por unidade de comprimento da barra.

Nesta equação coloca-se o sinal negativo porque o sentido do fluxo de calor é o das temperaturas decrescentes, de modo que $\frac{dT}{dx} < 0$. Com essa inclusão, o resultado do fluxo se torna positivo.

A condutividade térmica é uma característica do material e que expressa numericamente sua capacidade para conduzir calor. Uma tabela para a condutividade térmica de alguns materiais se encontra no Anexo IV.

Combinando a Eq.1.3 com a Eq.2.3:

$$\emptyset = -K\frac{dT}{dx} \qquad \text{Eq.3.3}$$

é a expressão da lei de Fourier para densidade de fluxo de calor por condução.

Para o caso de o fluxo ser *estacionário*, $\frac{dT}{dx}$ é constante, de modo que a Eq.3.3 pode ser reescrita para:

$$\emptyset = -K\frac{\Delta T}{L} \qquad \text{Eq.4.3}$$

onde $\Delta T = T_- - T_+$ e L é o comprimento da barra.

A Figura 4.3 mostra como a temperatura varia em regime estacionário e não-estacionário ao longo de uma barra de seção transversal constante, mantidas as temperaturas das fontes quente e fria constantes.

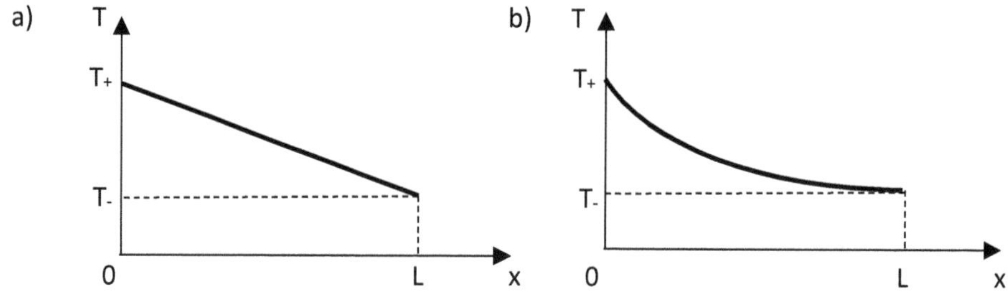

Fig. 4.3 – Em (a) decaimento linear da temperatura ao longo da barra (regime estacionário); em (b) decaimento não-linear (não estacionário), ambas com seção transversal constante ao fluxo de calor.

Até o momento consideramos apenas casos em que a área de seção transversal do condutor é constante. Nos exercícios-modelos há um exemplo envolvendo área variável.

Na Equação 2.3 o fluxo de calor $\frac{Q}{\Delta t}$ é também chamado de *intensidade de corrente térmica* I, e aplicando na Equação 2.3 em regime estacionário:

$$I = K \times A\frac{\Delta T}{L} \Rightarrow \Delta T = \frac{L}{K \times A}I$$

A fração que envolve os parâmetros pertinentes ao condutor é definida como *resistência térmica* do condutor:

$$R_T = \frac{L}{K\,A} \qquad \text{Eq.5.3}$$

Repare na analogia com a *Primeira Lei de Ohm* para resistores elétricos:

$$\Delta T = R_T \times I \quad \Leftrightarrow \quad U = R \times I$$

Nesta comparação a diferença de temperatura nas extremidades do condutor equivale à diferença de potencial elétrico aplicada a um resistor, enquanto a corrente térmica equivale à corrente elétrica. Assim:

$$R_T = \frac{\Delta T}{I} \qquad \text{Eq.6.3}$$

Numa associação de condutores térmicos, a analogia com os resistores elétricos se mantém, como é demonstrado a seguir.

a) associação série

Seja uma associação série de dois condutores com resistências térmicas R_{T1} e R_{T2}, dispostos entre duas fontes térmicas à temperaturas T_0 e T, como mostra a Figura 5.3:

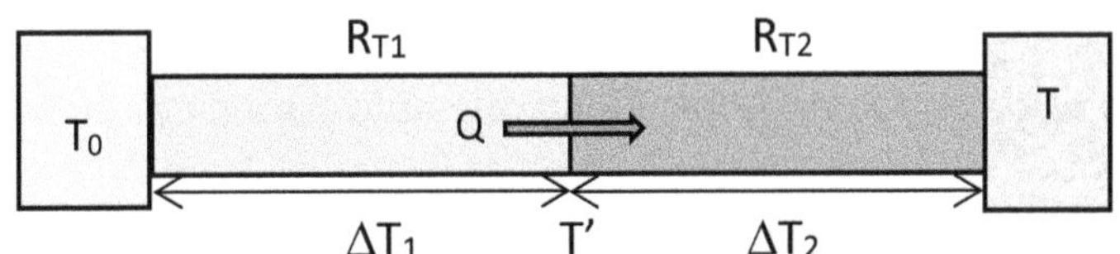

Fig.5.3 – Associação série entre dois condutores térmicos.

Como não há perdas ou ganhos de calor no trajeto entre as duas fontes, em regime estacionário a corrente térmica I é a mesma nas duas barras, assim como o fluxo de calor. Além disso, $\Delta T_1 = T' - T_0$ e $\Delta T_2 = T - T'$, onde T' é a temperatura na interface entre as duas barras. Logo: $I = \frac{\Delta T_1}{R_{T1}} = \frac{\Delta T_2}{R_{T2}}$. Considerando um único condutor que substitui os dois condutores e sem alterar o fluxo de calor, podemos calcular sua *resistência térmica equivalente* R_{Teq} como segue:

$$R_{Teq} = \frac{T - T_0}{I} = \frac{\Delta T_1 + \Delta T_2}{I} = \frac{IR_{T1} + IR_{T2}}{I} \Rightarrow R_{Teq} = R_{T1} + R_{T2}$$

Logo, a *resistência térmica equivalente numa associação série é igual à soma das resistências térmicas de cada condutor*. Generalizando para n condutores:

$$R_{Teq} = R_{T1} + R_{T2} + \ldots + R_{Tn} \quad \text{Eq.7.3}$$

b) associação paralelo

Aqui os dois condutores são colocados de tal forma que a diferença de temperatura entre suas extremidades é a mesma que entre as duas fontes térmicas, como mostra a Fig.6.3:

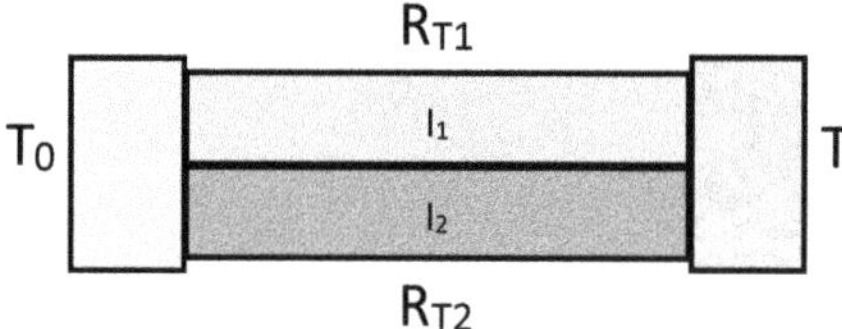

Fig.6.3 – Associação de dois condutores em paralelo.

Sendo $\Delta T = R_{T1}I_1 = R_{T2}I_2$ e a corrente total $I = I_1 + I_2$, a resistência do condutor equivalente é:

$$\Delta T = R_{Teq}I = R_{Teq}(I_1 + I_2) \Rightarrow \frac{\Delta T}{R_{Teq}} = I_1 + I_2 = \frac{\Delta T}{R_{T1}} + \frac{\Delta T}{R_{T2}} \rightarrow \frac{1}{R_{Teq}} = \frac{1}{R_{T1}} + \frac{1}{R_{T2}}$$

Logo, o *inverso da resistência térmica equivalente é igual à soma dos inversos das resistências térmicas de cada condutor*. Generalizando para n condutores:

$$\frac{1}{R_{Teq}} = \frac{1}{R_{T1}} + \frac{1}{R_{T2}} + \cdots + \frac{1}{R_{Tn}} \quad \text{Eq.8.3}$$

Para o caso particular de apenas dois condutores em paralelo, vale a fórmula simplificada:

$$R_{Teq} = \frac{R_{T1} \times R_{T2}}{R_{T1} + R_{T2}} \quad \text{Eq.9.3}$$

Portanto, o cálculo para associação de condutores térmicos é o mesmo para associação de resistores elétricos.

Convecção

Assim como na condução, a transmissão de calor por convecção requer um meio material. A diferença com a condução é que, na convecção, as moléculas se deslocam para transportar o calor. A convecção é típica, portanto, de ocorrer em meios fluidos (gases e líquidos), e a Figura 7.3 mostra uma imagem da convecção de calor fluindo num líquido.

Fig. 7.3 – Convecção de calor transmitido num líquido, cuja cor se altera com a passagem do calor oriundo da ponta de um dedo humano. Fonte: Enciclopédia Abril (1971).

Para a convecção térmica existe uma fórmula que exprime a *lei de resfriamento de Newton*. Para isso, considere uma placa sólida de área A em contato com um fluido passando sobre ele, como está representado na Figura 8.3:

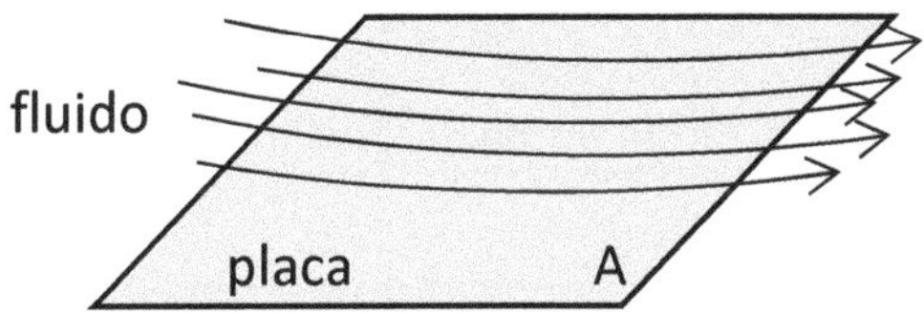

Fig.8.3 – Fluido passando sobre uma placa, com ambos à diferentes temperaturas.

Normalmente o fluido tem uma temperatura mais baixa que a placa, o que caracteriza um processo de resfriamento, e pela lei de resfriamento de Newton, o fluxo de calor é proporcional à diferença de temperatura entre a superfície da placa exposta ao fluido e um ponto do fluido afastado da placa.

A fórmula que define a densidade de fluxo de calor por convecção é:

$$\emptyset = h(T_{sup} - T_{\infty}) \quad \text{Eq.10.3}$$

onde h é o *coeficiente de convecção térmica*, dado por $\frac{W}{m^2K}$ no Sistema Internacional, T_{sup} é a temperatura na superfície da placa e T_{∞} é a temperatura do fluido em uma distância da placa onde o efeito da convecção passa a não ser mais sentido.

O coeficiente h é um valor que varia de acordo com as condições em que a experiência é realizada, como a temperatura ambiente, a geometria da placa, a velocidade do fluido, além de outros fatores.

Irradiação

Neste caso o calor não necessita de meio material para se propagar e sua velocidade é maior quando justamente não há meio material, ou seja, no vácuo. O calor nesse caso se propaga via onda eletromagnética e da mesma forma que se verifica na luz visível, micro-ondas, infravermelho e raio ultravioleta, embora diferindo no comprimento de onda.

A densidade de fluxo de calor por irradiação pode ser medida pela fórmula:

$$\emptyset = \varepsilon\sigma T^4 \quad \text{Eq.11.3}$$

onde ε é a *emissividade* do material, uma característica que depende da cor e da rugosidade de sua superfície, σ é a *constante de Stéfan-Boltzman*, cujo valor é igual a $5{,}67 \times 10^{-8} \frac{W}{m^2K^4}$ e T a temperatura da superfície do material medida em Kelvin.

A emissividade é um valor compreendido entre 0 e 1, que exprime a capacidade de um material para emitir calor por radiação eletromagnética. O valor nulo consiste no único caso em que o corpo não irradia calor por radiação, quando a temperatura de sua superfície é igual ao zero absoluto (zero Kelvin), enquanto o valor unitário corresponde ao emissor perfeito. Estes dois valores são puramente teóricos.

A Tabela 1.3 mostra valores de emissividade para alguns materiais.

Tabela 1.3 – Emissividade de alguns materiais

material	emissividade
alumínio	0,04
aço	0,07
ferro	0,23
vidro	0,92
papel branco	0,95
água	0,96

Como todo material também recebe calor por irradiação, haverá um saldo entre o fluxo de entrada e o de saída, de modo que a *densidade líquida de fluxo de calor* é dada por:

$$\emptyset_{liq} = \varepsilon\sigma(T_{amb}^4 - T_{sup}^4) \qquad \text{Eq.12.3}$$

onde T_{amb} é a temperatura do ambiente em torno do corpo e T_{sup} é a temperatura na sua superfície.

Como se pode deduzir da diferença dos valores entre parênteses, se a temperatura ambiente for maior do que da superfície, o saldo é positivo, indicando que o fluxo de entrada é maior que o de saída, caso contrário, o sinal do fluxo líquido é negativo, de modo que a perda supera o ganho.

EXERCÍCIOS MODELOS

1) Uma barra cilíndrica de cobre com 50 cm de comprimento e raio da base 10 cm, é disposta entre duas fontes de calor, uma a 0 ^{0}C e outra a 100 ^{0}C. Estando as faces laterais isoladas do meio ambiente e supondo regime estacionário, determine:

a) a densidade do fluxo de calor pela barra em kW/m^2

b) a quantidade de calor em kJ que atravessa uma seção transversal da barra em um minuto

Resolução

A área de seção transversal da barra é $\pi \times 10^2 = 100\pi$ cm^2 = $10^{-2}\pi$ cm^2, o comprimento é 0,5 m e a diferença de temperatura é 100 ^{0}C = 100 K. Consultando o Anexo IV, a condutividade térmica do cobre é $400 \frac{W}{m\,K}$.

a) Pela Lei de Fourier: $\emptyset = K\frac{\Delta T}{L} = 400 \times \frac{100}{0,5} \rightarrow \emptyset = 80000\ \frac{W}{m^2} = 80\ \frac{kW}{m^2}$

b) Pela Equação 1.3: $Q = \emptyset A \Delta t \rightarrow Q = 8 \times 10^4 \times 10^{-2}\pi \times 60 \rightarrow Q \cong 150,8\ kJ$

2) Duas barras, uma de ferro e outra de bronze, possuem 20 cm de comprimento cada e área de seção transversal 5 cm^2. Supondo regime estacionário, pede-se:

a) a resistência térmica de cada uma

b) a resistência térmica numa associação série entre elas

c) a temperatura na interface entre as barras, na situação ilustrada abaixo

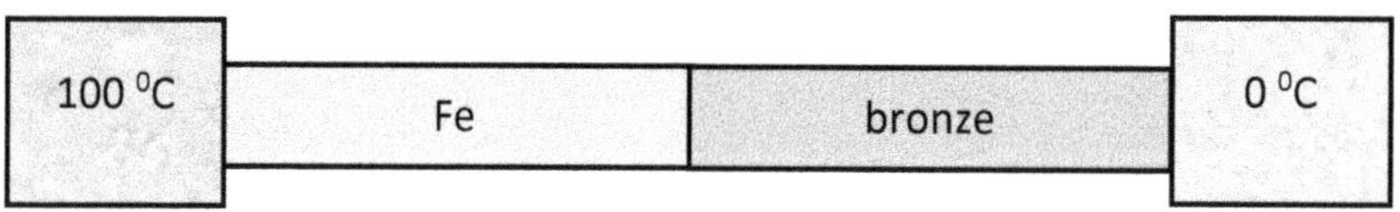

d) gráfico da variação da temperatura em função do comprimento das barras

e) a resistência térmica numa associação paralelo entre elas

Resolução

a) Consultando a tabela no Anexo IV: K_{Fe} = 67 W/(m.K) e K_{bronze} = 109 W/(m.K), e aplicando a Equação 5.3 para cada barra separadamente:

$$R_{T(Fe)} = \frac{0,2}{67 \times 5 \times 10^{-4}} = 5,97\ \frac{K}{W} \quad e \quad R_{T(bronze)} = \frac{0,2}{109 \times 5 \times 10^{-4}} = 3,67\ \frac{K}{W}$$

b) Aplicando a Equação 7.3: $R_T = R_{T(Fe)} + R_{T(bronze)} = 9,64\ \frac{K}{W}$

c) Como a corrente térmica é igual nas duas barras, $I_{Fe} = I_{bronze}$, e aplicando a Equação 6.3:

$$\frac{100 - T'}{5,97} = \frac{T'}{3,67} \rightarrow T' = 38,07^oC$$

d)

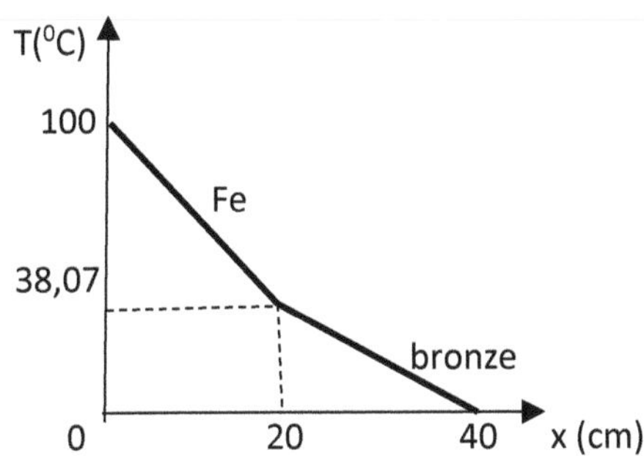

e) Aplicando a Equação 9.3: $R_T = \frac{R_{T(Fe)} \times R_{T(bronze)}}{R_{T(Fe)} + R_{T(bronze)}} = 2{,}27\,\frac{K}{W}$

3) Considere uma barra de 50 cm de comprimento, cuja condutividade térmica é 300 W/(m.K), disposta entre duas fontes térmicas. A temperatura varia apenas com seu comprimento de acordo com a expressão $T = \frac{100}{2^x}$, sendo x em metros (contado à partir da fonte quente) e T em Kelvin. Determine:

a) a temperatura da fonte quente e da fonte fria

b) a expressão para o fluxo térmico e seus valores no início e no fim da barra

c) esboce um gráfico da temperatura em função do comprimento da barra

Resolução

a) para x = 0: $T_0 = \frac{100}{2^0} = 100^0C$

e para x = 0,5 m: $T_{0,5} = \frac{100}{2^{0,5}} = 70{,}71^0C$

b) Pela lei de Fourier: $\emptyset = -K\frac{dT}{dx}$ e $\frac{dT}{dx} = \frac{-100\ln 2}{2^x}$

Logo:

$$\emptyset = 3 \times 10^4 \frac{\ln 2}{2^x}$$

em x = 0: $\emptyset_0 = 3 \times 10^4 \frac{\ln 2}{2^0} = 20794{,}42\ \frac{W}{m}$

em x = 0,5 m: $\emptyset_{0,5} = 3 \times 10^4 \frac{\ln 2}{2^{0,5}} = 14703{,}87\ \frac{W}{m}$

c)

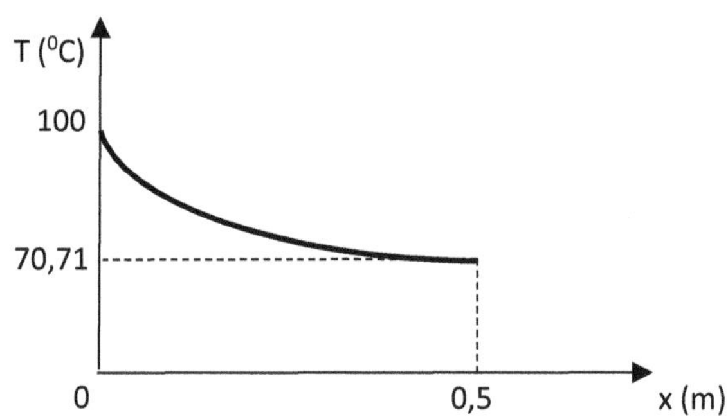

4) Um condutor tem a forma de um tronco de cone, cujas bases de raios A e B, sendo A maior que B, são conectadas a duas fontes térmicas, como mostra a figura, em perspectiva e em perfil:

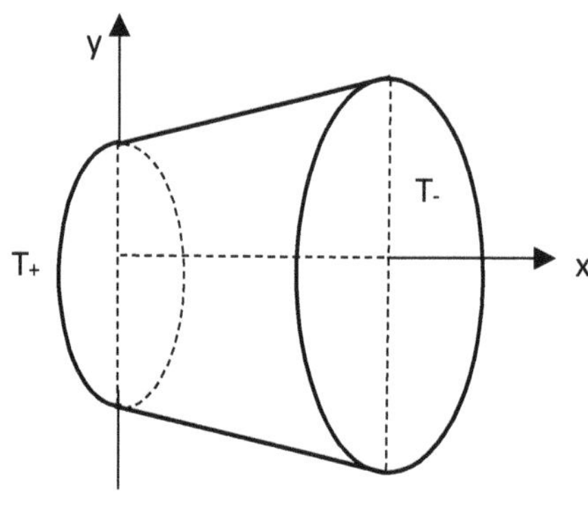

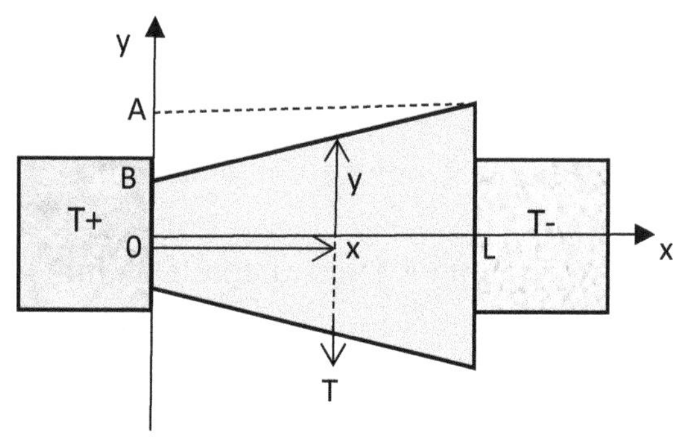

Determine, supondo regime estacionário:

a) a resistência térmica

b) a corrente térmica

c) uma expressão para se calcular a temperatura em uma seção reta do condutor, estando à uma distância x da fonte quente

Resolução

a) Desta vez a área do condutor é variável e consiste num círculo de raio $y = \frac{A-B}{L}x + B$, cuja área é $A = \pi y^2$. Aplicando a Equação 5.3 em um segmento dx de resistência dR:

$$dR = \frac{dx}{kA} \rightarrow \int_0^R dR = \frac{1}{k\pi}\int_0^L \frac{dx}{\left(\frac{A-B}{L}x + B\right)^2}$$

Resolvendo as integrais chega-se a:

$$R_T = \frac{L}{ABk\pi}$$

b) Se o regime é estacionário, a corrente térmica I é constante. Logo: $I = \frac{\Delta T}{R_T}$, onde $\Delta T = T_+ - T_-$, ou seja, a diferença entre as temperaturas da fonte quente e fonte fria. Logo, pela Equação 6.3:

$$I = \frac{ABk\pi\Delta T}{L}$$

c) Para uma distância x da fonte quente e aplicando a Equação 6.3, a temperatura é T igual a $T_+ - T = R_x I$:

$$T_+ - T = \frac{1}{k\pi}\int_0^x \frac{dx}{\left(\frac{A-B}{L}x + B\right)^2} \times \frac{\Delta T}{\frac{L}{ABk\pi}}$$

Resolvendo a integral, chega-se a:

$$T = T_+ - \frac{AB\Delta T}{A-B}\left[\frac{1}{B} - \frac{1}{(A-B)\frac{x}{L} + B}\right]$$

5) Um fluido à uma temperatura de 5 ^{0}C escoa sobre uma placa de área 40 cm^2, cuja temperatura em sua superfície é 120 ^{0}C. Sendo o coeficiente de convecção térmica do material da placa igual a 100 W/(m^2.K), determine a quantidade de calor que passa da placa ao líquido em 10 segundos.

Resolução

A densidade de fluxo de calor é: $\emptyset = h\Delta T = 100 \times (120 - 5) = 1500\frac{W}{m^2}$

Logo: $Q = \emptyset A\Delta t = 1500 \times 40 \times 10^{-4} \times 10 = 60J$

6) Uma esfera de raio 5 cm tem na sua superfície uma temperatura de 0 ^{0}C e emissividade 0,5. Sabendo que a temperatura ambiente à sua volta é 27 ^{0}C, determine:

a) o saldo no fluxo de calor trocado entre a esfera e o meio ambiente

b) o saldo do calor trocado em 10 s

Resolução

a) $\emptyset_{liq} = \varepsilon\sigma(T_{amb}^4 - T_{sup}^4) = 0,5 \times 5,68 \times 10^{-8}(300^4 - 273^4) = 72,29\frac{W}{m^2s}$

b) a área da superfície esférica é $A = 4\pi r^2 = 4\pi \times (5 \times 10^{-2})^2 = 0,0314m^2$

Logo: $Q_{liq} = \emptyset \times A \times \Delta t = 72,29 \times 0,0314 \times 10 \cong 22,7J$

EXERCÍCIOS PROPOSTOS

1) Determine a densidade de fluxo de calor, em kW/m^2, onde 100 calorias atravessa uma janela de dimensão 5 cm x 7 cm num intervalo de 10 segundos.

2) Determine a quantidade de calor que, em um minuto, atravessa uma janela circular de raio 5 cm, sabendo que o fluxo de calor é igual a 1,0 kW/m^2.

3) Determine o fluxo de calor que atravessa longitudinalmente, e em regime estacionário, uma barra cilíndrica feita de cobre com um metro de comprimento e raio da base igual a 10 cm, disposta entre duas fontes térmicas, estando uma a 0 ^{0}C e outra a 100 °C.

4) Expresse o fluxo de calor que atravessa longitudinalmente uma barra de condutividade térmica K e área de seção transversal A, sabendo que a temperatura varia de acordo com a fórmula $\frac{dT}{dx} = mx$, sendo m uma constante negativa e x a distância contada à partir da fonte quente.

5) Um condutor com formato cilíndrico feito de cobre, tem 50 cm de comprimento e 10 cm de diâmetro. Suas bases estão em contato com fontes térmicas, uma a 100 ^{0}C e outra a 0 ^{0}C. Estando sua superfície lateral revestida com material termicamente isolante e uma vez atingido o regime estacionário, determine:

a) a densidade de fluxo de calor que passa pelo condutor, em kW/m^2

b) o calor, em kJ, que atravessa uma seção transversal em um minuto

6) Considere um condutor térmico feito de alumínio com 2 m de comprimento e com a forma de um paralelepípedo de base quadrada de aresta 10 cm, disposta entre duas fontes térmicas, estando uma à 0 ^{0}C e outra a 100 °C:

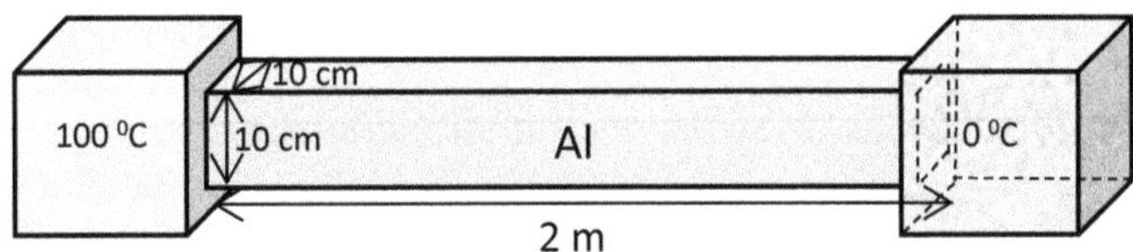

As faces laterais do condutor estão isoladas, de modo que o calor não se dissipa por elas.

Determine, supondo regime estacionário:

a) a resistência térmica do condutor

b) a intensidade de corrente térmica que nele atravessa

c) o fluxo de calor

d) a quantidade de calor que atravessa cada seção em um minuto

7) A figura mostra um condutor com comprimento L e seção transversal uniforme quadrada com arestas b.

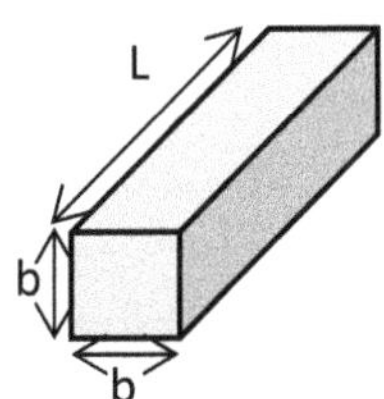

Sendo sua condutividade térmica k, determine:

a) sua resistência térmica

b) a corrente térmica se, entre as bases, for estabelecida uma diferença de temperatura igual a ΔT

c) o fluxo térmico em função da corrente térmica I

8) Sejam duas barras, uma de chumbo e outra de alumínio, com as seguintes características dimensionais:

$$\text{Pb}\begin{cases} L = 50\ \text{cm} \\ A = 10\ \text{cm}^2 \end{cases} \qquad \text{Al}\begin{cases} L = 30\ \text{cm} \\ A = 10\ \text{cm}^2 \end{cases}$$

Desprezando as perdas laterais, determine:

a) a resistência térmica de cada uma

b) a resistência térmica equivalente numa associação série entre elas

c) a resistência térmica numa associação paralelo entre elas

d) a temperatura na interface das duas barras, na situação ilustrada abaixo:

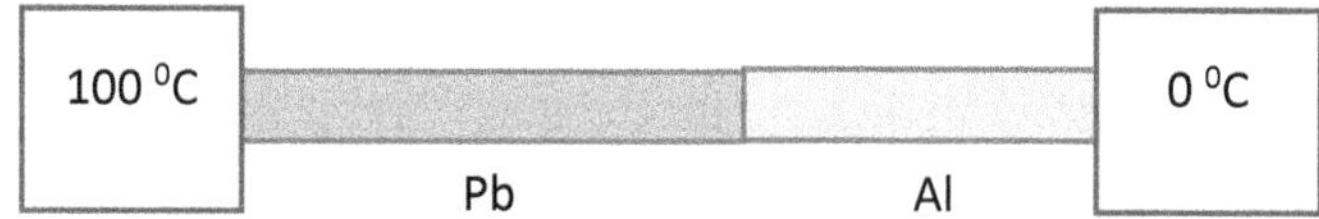

e) a temperatura na interface das duas barras, na situação do item d, mas trocando de lado os reservatórios e sem mudar a posição das barras

f) a corrente térmica

9) A temperatura numa barra de aço inox varia ao longo de seu comprimento de acordo com a equação $T(x) = 150 - 200x$, com a temperatura em graus Célsius e a distância x em metros. Tendo a barra 80 cm de comprimento e área de seção transversal 10 cm^2, determine, supondo regime estacionário:

a) as temperaturas em suas extremidades

b) a densidade de fluxo térmico em kW/m^2

10) Um condutor com formato de tronco de cone, feito de cobre, está posicionado entre duas fontes térmicas, uma a 0 ^{0}C e outra a 100 ^{0}C, cujo perfil está representado abaixo:

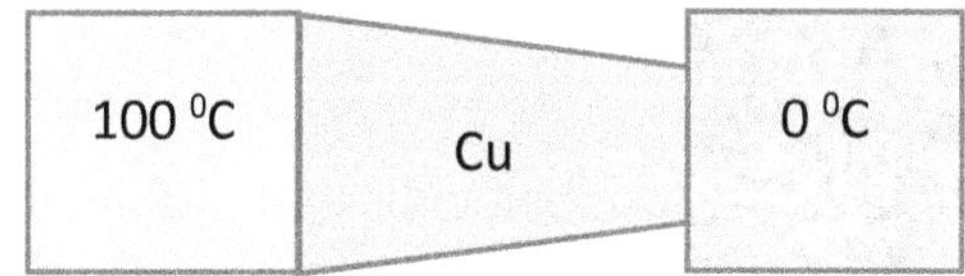

O raio da base maior é 60 cm e o da base menor é 20 cm, sendo o comprimento do tronco igual a 80 cm. Uma vez estabelecido o regime estacionário, determine:

a) a resistência equivalente do condutor b) a corrente térmica no condutor

c) o fluxo térmico d) o que ocorre com o fluxo ao longo do condutor? Explique.

e) o que ocorre com a densidade de fluxo térmico ao longo do condutor? Explique.

f) a temperatura à uma distância de 40 cm da fonte quente.

11) Resolva o problema anterior substituindo o condutor por outro, também feito de cobre, mas com formato de tronco de pirâmide, cujas bases quadradas possuem arestas 60 cm e 40 cm, mantendo o comprimento de 80 cm e com a base maior encostada na fonte quente. O regime é estacionário.

12) Um condutor de superfície quadrática e de condutividade $100\ \frac{W}{mK}$, tem seu perfil superior no plano xy descrito pela equação $y = x^2 + 0{,}1$, como mostra a figura:

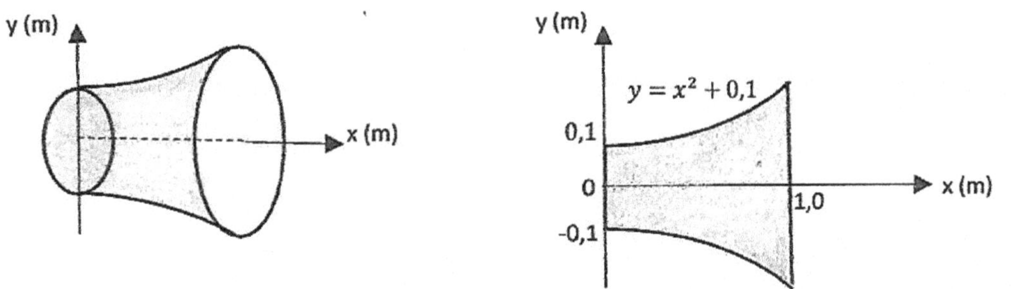

Determine a resistência térmica do condutor para x = 1,0 m.

13) Refaça o exercício anterior, mantendo as bases circulares e considerando o perfil superior descrito pelas equações:

a) $y = 3x + 2$ b) $y = e^x$ c) $y^2 - x^2 = 1$

14) Uma placa de área 80 cm^2, inicialmente à 200 °C, é resfriada pela passagem de um fluido mantido a 2 °C. Determine a quantidade de calor trocada por convecção térmica pela placa em um minuto, sabendo que seu coeficiente de convecção térmica é igual a 120 $W/(m^2.K)$.

15) Uma placa quadrada com aresta 20 cm é resfriada por um fluido de temperatura constante e igual a 14 °C. Sabendo que o coeficiente de convecção térmica é igual a 150 $W/(m^2.K)$, determine a temperatura inicial da placa, sabendo que 5 kcal de calor foram trocados por convecção em um minuto.

16) Uma placa circular de raio 4 cm, inicialmente à 80 °C, é resfriada por convecção térmica através de um fluido cuja temperatura é mantida constante e igual a 10 °C. Sabendo que a densidade de fluxo de calor que passa da placa para o fluido é igual a 20 kW/m^2, determine o coeficiente de convecção térmica do processo e a quantidade de calor trocada em um minuto.

17) A superfície de uma placa retangular com arestas 20 cm e 40 cm apresenta temperatura 100 ^{0}C, e um fluido com temperatura 10 ^{0}C passa sobre ele, esfriando-o numa razão de 20 calorias por segundo. Determine:

a) a densidade de fluxo térmico

b) o coeficiente de convecção térmica

18) Uma fórmula que permite medir o fluxo de calor por convecção ao meio ambiente, e semelhante à lei de resfriamento de Newton, é $T - T_a = (T_0 - T_a)e^{\frac{-t}{\tau}}$, onde T_a é a temperatura ambiente, T_0 é a temperatura inicial do material submetido à resfriamento e τ é uma *constante de resfriamento*. É dado que $t = -800\ln\left(\frac{T-10}{110}\right)$, com t medido em segundos e T em graus Célsius. Com base nesta fórmula, determine:

a) a temperatura inicial

b) a temperatura ambiente

c) o parâmetro de resfriamento

d) o tempo para a temperatura atingir 50 °C

e) a temperatura em 60 minutos de resfriamento

19) Determine a quantidade de calor que uma esfera de raio 20 cm emite por irradiação em cinco minutos, sendo a temperatura de sua superfície igual a 0 ^{0}C e sua emissividade igual a 0,5.

20) Determine a temperatura na superfície de um material que, por irradiação, transfere 1000 W/m^2 de calor ao meio que o cerca, com emissividade 0,8.

21) Estime a quantidade de calor que o Sol emite por segundo e por irradiação, considerando-o uma esfera com 7×10^8 m de raio, emissividade 0,95 e temperatura na superfície de 6000 K.

22) Uma esfera de raio 3 cm e emissividade 0,4 mantém uma temperatura de – 73 ^{0}C em sua superfície. Determine o saldo no fluxo de calor trocado por irradiação na superfície da esfera, sabendo que o ambiente à sua volta apresenta temperatura constante de 27 ^{0}C.

23) Um cubo de aresta 2 cm e emissividade 0,6 mantém uma temperatura de 6480 °R em sua superfície. Determine o saldo na quantidade de calor trocada por irradiação em um minuto em contato com um meio ambiente à 1620 °R.

CAPÍTULO 4

ESTUDO FÍSICO DOS GASES IDEAIS

- GÁS IDEAL
- VARIÁVEIS DE ESTADO
- EQUAÇÃO DE CLAPEYRON
- TRANSFORMAÇÕES GASOSAS
- TRABALHO REALIZADO NUM GÁS
- O TRABALHO NOS CASOS PARTICULARES
- GASES REAIS
- TEORIA CINÉTICA DOS GASES

Em processos termodinâmicos em que o calor é aproveitado para acionar uma máquina, é comum a utilização de gases como substância de trabalho. A máquina à vapor como meio de locomoção é o primeiro exemplo histórico desta utilização no século XIX, como mostra a Figura 1.4.

Fig.1.4 – Uma das primeiras locomotivas a vapor. Fonte: Ciência Ilustrada.

Daí a importância de se conhecer melhor as propriedades físicas dos gases.

Gás ideal

Um *gás real* nunca é *ideal*, mas pode se aproximar dessa idealidade quando sua densidade e temperatura não for muito alta e nem estar perto do ponto de liquefação. Para ser considerado ideal, um gás deve atender as seguintes condições:

- *volume atômico desprezível* (assim sua composição química é irrelevante)

- *a única interação entre as moléculas ocorre na forma de colisões elásticas*[16] *entre elas ou com as paredes do recipiente que as contém* (assim não há interação à distância entre as moléculas ou com as paredes do recipiente).

- *entre as colisões o movimento das moléculas é retilíneo e uniforme e não há forças externas atuando*

- *o movimento das moléculas é aleatório e não há direção preferencial* (isotropia)

- *a distribuição espacial das moléculas é homogênea num certo volume*

[16] Colisão elástica é aquela que ocorre sem perda de energia.

Variáveis de estado

Um determinado estado físico num gás ideal de *massa fixa*, é caracterizado por três variáveis: *pressão*, *volume* e *temperatura*.

A pressão é definida pela razão entre a força aplicada sobre uma determinada área:

$$P = \frac{F}{A} \qquad \text{Eq.1.4}$$

No Sistema Internacional de Unidades a pressão é medida em N/m^2 ou *Pascal* (Pa). Unidades usuais são a *atmosfera*, o *baria* e o *milímetro de mercúrio*, cujas relações com o Pascal são:

1 atm = 1 bar = $\mathbf{10^5}$ **Pa** = 760 mmHg

O volume é o espaço tridimensional ocupado pelo gás e no Sistema Internacional sua unidade é o *metro cúbico* (m^3). Usualmente se usa o *litro* (L), o *centímetro cúbico* (cm^3) e o *mililitro* (mL). A relação entre eles é:

1 $\mathbf{m^3}$ = 10^3 L   1 L = 10^3 mL   1 mL = 1 cm^3

A definição de temperatura e suas principais unidades estão apresentadas no Capítulo 1.

Equação de Clapeyron

Todo gás apresenta num dado instante uma pressão (P), um volume (V) e uma temperatura (T), e num gás ideal vale a relação:

$$\frac{PV}{T} = k \qquad \text{Eq.2.4}$$

onde k é uma constante e o valor de T deve estar obrigatoriamente em Kelvin ou Rankine.

Experimentalmente verifica-se que k = nR, onde n é o *número de mols* do gás e R um valor fixo chamado *constante universal dos gases ideais*. Assim se deduz a *equação de Clapeyron*[17]:

[17] Benoit Clapeyron (1799 – 1864).

$$PV = nRT \qquad \text{Eq.3.4}$$

O *mol* é uma quantidade igual a 6,02 x 10^{23} unidades, de modo que, para cada mol de uma substância, existe essa quantidade de moléculas. Verifica-se que, para cada mol, a massa corresponde à massa molecular da substância em gramas. Tomando como exemplo a água, cuja massa molecular é 18, tem-se que 6,02 x 10^{23} moléculas de água (um mol de água) totalizam 18 gramas. Assim se estabelece uma relação entre o número de mols n e a massa molecular M por simples regra de três:

<u>número de mols</u>	<u>massa</u>
1	M
n	m

$$n = \frac{m}{M} \qquad \text{Eq.4.4}$$

onde M é a massa molecular.

Com exceção da temperatura, que deve estar em Kelvin ou Rankine, na Equação de Clapeyron a pressão e o volume podem assumir outras unidades que não sejam do Sistema Internacional. Conforme estas unidades, o valor de R assume os seguintes valores, sendo o primeiro do Sistema Internacional:

$$\mathbf{R = 8,314\ \frac{J}{mol\ K}} = 0,082\frac{\text{atm L}}{\text{mol K}} = 62,3\ \frac{\text{mmHg L}}{\text{mol K}}$$

A Figura 2.4 mostra como o valor de R se altera em função da pressão para um gás real.

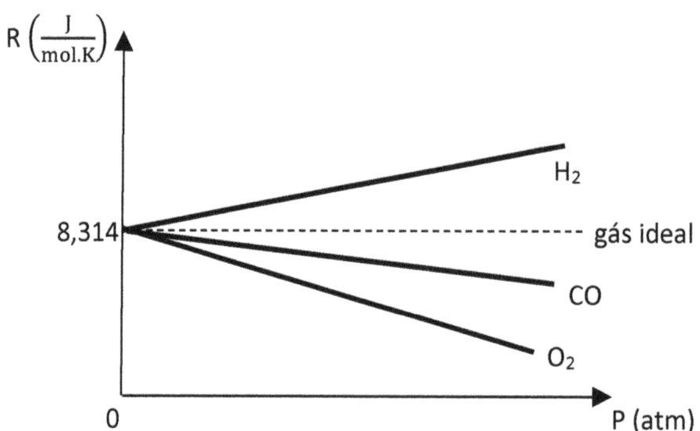

Fig.2.4 – Dependência do valor de R em função da pressão para alguns gases reais.

Transformações gasosas

Uma transformação física num gás de massa fixa (número de mols constante), é aquela onde se alteram duas ou três de suas variáveis de estado. Não é possível nesse caso se modificar apenas uma variável sem variar as outras duas.

De um modo geral, se um gás ideal apresenta inicialmente as variáveis P_1, V_1 e T_1, passando após um processo físico[18] a assumir os valores P_2, V_2 e T_2, aplicando a Equação 2.4 tem-se que:

$$\frac{P_1 V_1}{T_1} = \frac{P_2 V_2}{T_2} \qquad \text{Eq.5.4}$$

com as temperaturas T_1 e T_2 obrigatoriamente em Kelvin ou Rankine.

Alguns casos particulares merecem atenção numa transformação gasosa, visto que ocorrem com frequência em alguns processos térmicos, notadamente em motores à combustão.

Transformação isobárica

É uma transformação gasosa onde a *pressão é mantida constante*. Assim, sendo $P_1 = P_2$ e aplicando a Equação 5.4, chega-se à *lei de Gay-Lussac*:

$$\frac{V_1}{T_1} = \frac{V_2}{T_2} \qquad \text{Eq.6.4}$$

Portanto, haverá nesse caso uma relação diretamente proporcional entre volume e temperatura. Um exemplo dessa transformação ocorre num gás contido dentro de um balão inflável, onde seu volume aumenta com o aquecimento, enquanto a pressão do ambiente sobre ele (e do gás no interior do balão) se mantém constante.

A relação direta entre volume e temperatura numa transformação isobárica está representada no gráfico da Figura 3.4.

---

[18] Sem alterar sua composição química.

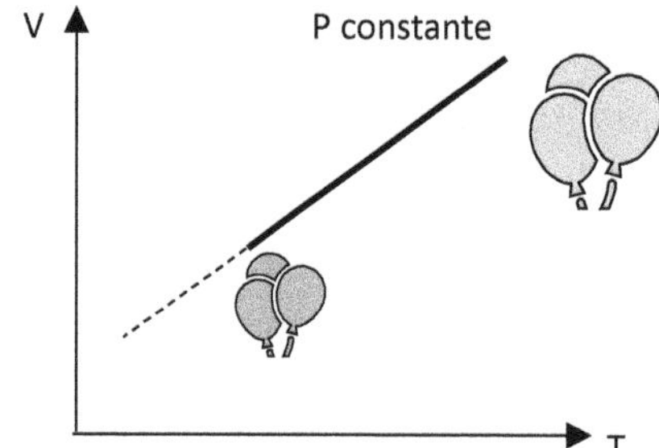

Fig.3.4 – Relação direta entre volume e temperatura numa transformação isobárica. A linha tracejada indica que a relação perde o sentido quando o gás se aproxima do ponto de liquefação.

Transformação isocórica

Também chamada de *isométrica* ou ainda *isovolumétrica*, é a transformação gasosa realizada a *volume constante*. Assim, sendo $V_1 = V_2$, chega-se à *lei de Charles*:

$$\frac{P_1}{T_1} = \frac{P_2}{T_2} \qquad \text{Eq.7.4}$$

Aqui também há uma relação direta entre as variáveis pressão e temperatura, e isso pode ser verificado numa panela de pressão caseira, onde o aumento da temperatura implica em aumento de pressão.

A relação direta entre pressão e temperatura numa transformação isocórica pode ser representada graficamente, como mostra a Figura 4.4.

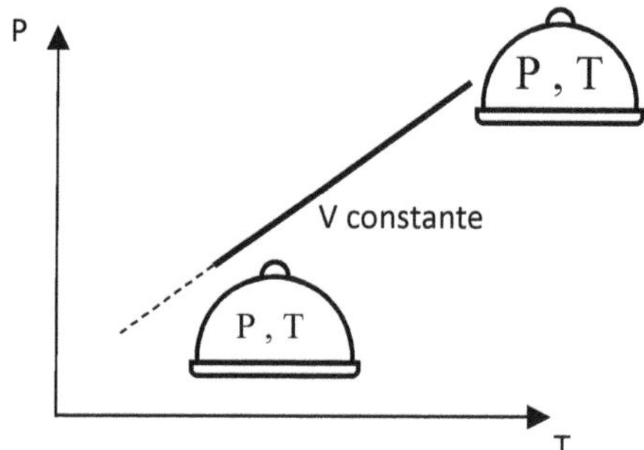

Figura 4.4 – Relação diretamente proporcional entre pressão e temperatura numa transformação isocórica.

Transformação isotérmica

É a transformação gasosa que ocorre sob *temperatura constante*. Sendo $T_1 = T_2$, chega-se à *lei de Boyle-Mariotte*:

$$P_1V_1 = P_2V_2 \qquad \text{Eq.8.4}$$

Essa transformação pode ser realizada experimentalmente em uma seringa hipodérmica com a saída obstruída. Efetuando-se uma rápida compressão, a temperatura praticamente se mantém constante, enquanto o volume se reduz. Desse modo, a relação entre pressão e volume é inversamente proporcional, embora não de forma linear, como mostra o gráfico da Figura 5.4:

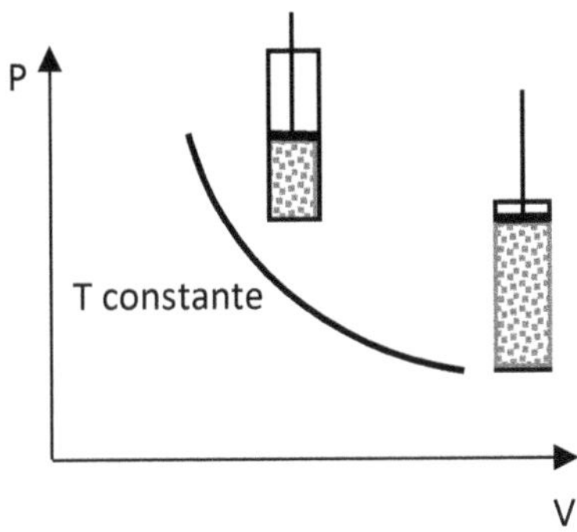

Fig.5.4 – Relação entre pressão e volume numa transformação isotérmica.

Trabalho realizado num gás

A Termodinâmica estuda basicamente a *transformação recíproca entre calor e trabalho*. Um motor a combustão é um dispositivo que realiza tal transformação do primeiro para o segundo, embora não de forma completa. O inverso se verifica num refrigerador, quando trabalho é transformado em calor.

Para estabelecer uma equação geral para o trabalho desenvolvido num gás, consideremos um gás expandindo dentro de um tubo dotado de êmbolo móvel, como mostra a Figura 6.4.

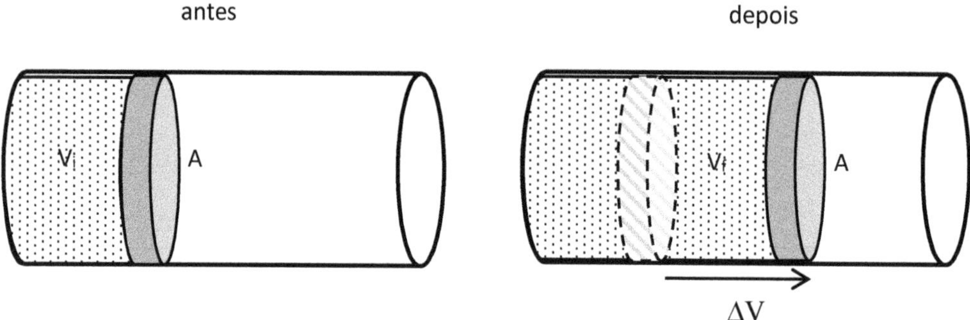

Fig.6.4 – Gás expandindo dentro de um tubo dotado de êmbolo móvel, partindo de um volume inicial V_i até um volume final V_f. A área A do êmbolo é constante.

A fórmula geral do trabalho é[19]:

$$W = \int_{s_i}^{s_f} \vec{F} . d\vec{s} = \int_{s_i}^{s_f} F\cos\theta ds \qquad \text{Eq.9.4}$$

Como a força exercida pelo gás tem o mesmo sentido do deslocamento, $\theta = 0$ e $\cos\theta = 1$, e aplicando a Equação 1.4 entre força e pressão:

$$W = \int_{s_i}^{s_f} F . ds = \int_{s_i}^{s_f} P . A . ds$$

Ocorre que Ads corresponde à um elemento de volume dV, de modo que a equação se torna:

$$W = \int_{V_i}^{V_f} PdV \qquad \text{Eq.10.4}$$

Esta é a equação geral para se calcular o trabalho realizado num gás.

---

[19] Mais detalhes sobre trabalho da força podem ser vistos em *Introdução à Física na Graduação – Mecânica e leis do movimento*, do mesmo autor.

Repare que, se $V_i < V_f$ o trabalho é positivo, e se $V_i > V_f$ o trabalho é negativo. Decorre então a convenção de sinal para trabalho realizado num gás:

$\Delta V > 0 \rightarrow W > 0$ (expansão e trabalho realizado *pelo* gás)

$\Delta V < 0 \rightarrow W < 0$ (contração e trabalho realizado *sobre* o gás)

O trabalho também pode ser obtido pela área formada pela curva num gráfico pressão versus volume, como mostra a Figura 7.4.

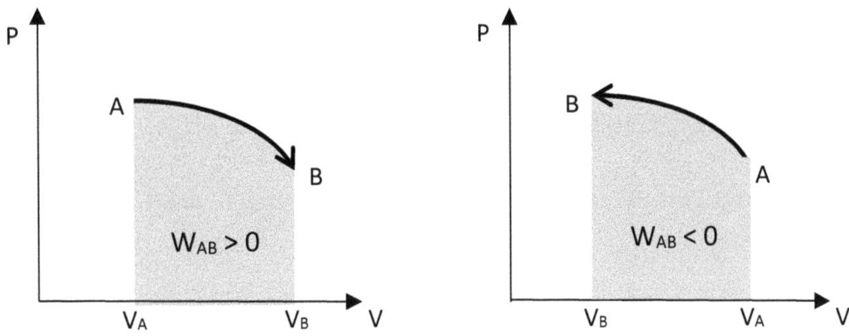

Fig.7.4 – Trabalho desenvolvido no gás é igual numericamente à área compreendida entre a curva e o eixo do volume num gráfico PV.

Repare que o sinal do trabalho segue a convenção que foi apresentada.

O trabalho nos casos particulares

Nas transformações gasosas particulares, o cálculo do trabalho admite fórmulas específicas.

Transformação isobárica

Sendo a pressão constante e aplicando a Equação 10.4:

$$W = \int_{V_i}^{V_f} PdV = P\int_{V_i}^{V_f} dV = P(V_f - V_i)$$

Logo, o trabalho numa transformação isobárica é igual ao produto entre a pressão e a variação de volume:

$$W = P\Delta V \qquad \text{Eq.11.4}$$

Repare que o sinal do trabalho é igual ao da variação de volume.

Transformação isocórica

Como não há variação de volume nessa transformação, logicamente não há realização de trabalho: $W = 0$.

Transformação isotérmica

Aqui se combinam as Equações 3.4 (Clapeyron) e 10.4, lembrando que a temperatura é constante:

$$W = \int_{V_i}^{V_f} PdV = \int_{V_i}^{V_f} \frac{nRT}{V} dV = nRT \int_{V_i}^{V_f} \frac{dV}{V} = nRT(\ln V_f - \ln V_i)$$

Como a diferença dos logaritmos é igual ao logaritmo do quociente, deduz-se que:

$$W = nRT\ln\left(\frac{V_f}{V_i}\right) \qquad \text{Eq.12.4}$$

Nesta equação a temperatura T deve estar em Kelvin ou Rankine, além de compatível com a unidade da constante R, enquanto os volumes final e inicial devem estar no mesmo sistema de unidades, seja ele qual for, uma vez que, no quociente do logaritmando, as unidades idênticas se cancelam. O sinal do trabalho é igual ao do resultado do logaritmo.

No Sistema Internacional o trabalho é medido em Joules, de modo que, neste caso, o valor de R deve ser 8,314 J/(mol.K).

Gases reais

A equação de Clapeyron só é válida para gases ideais, pois verifica-se alguns desvios em situações reais. Por exemplo, elevando-se isotermicamente a pressão até um valor tendendo ao infinito e aplicando a equação de Clapeyron, o volume tenderia a zero, como mostra essa equação na forma de limite:

$$V = \lim_{P \to \infty} \frac{nRT}{P} \to 0$$

Na prática isso não acontece, uma vez que, durante a compressão, o gás passa a se liquefazer num determinado ponto.

Para situações reais outras equações foram propostas, destacando-se a *equação de van der Waals*:

$$P = \frac{RT}{\overline{V} - b} - \frac{a}{\overline{V}^2} \qquad \text{Eq.13.4}$$

onde *a* e *b* são constantes positivas e $\overline{V} = \frac{V}{n}$ é o volume molar.

Teoria cinética dos gases

Comecemos considerando uma colisão elástica de uma molécula contra uma parede perfeitamente lisa, como mostra a Figura 8.4.

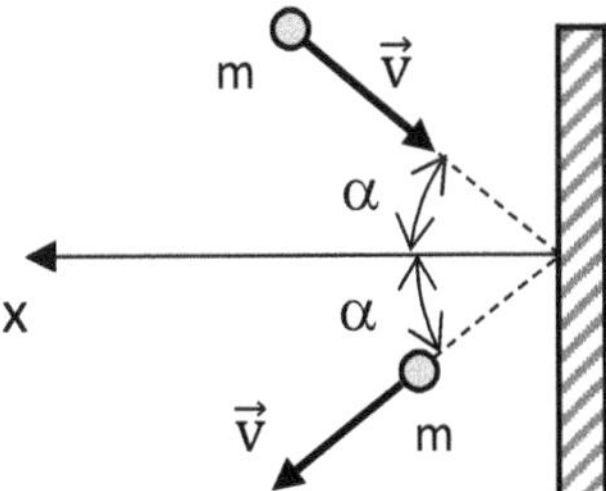

Fig.8.4 – Molécula de massa m chocando elasticamente contra uma parede lisa.

Sendo a parede perfeitamente lisa, a única força aplicada pela parede sobre a molécula está apontada no sentido do eixo x, perpendicular à parede.

Lembrando que o impulso gerado por essa força é igual à variação do momento linear sofrido pela molécula[20], deduz-se que:

$$\vec{J} = \Delta\vec{p} = \vec{F}_x \times \Delta t \qquad \text{Eq.14.4}$$

Em módulo e considerando o eixo x:

$$mv\cos\alpha - (-mv\cos\alpha) = F_x \times \Delta t \rightarrow 2mv\cos\alpha = F_x \times \Delta t$$

Considerando $v\cos\alpha = v_X$:

$$F_x \times \Delta t = \Delta p_x = 2mv_x \qquad \text{Eq.15.4}$$

Consideremos agora um recipiente de paredes lisas com volume V, contendo N moléculas idênticas de um gás ideal. Selecionemos neste recipiente um volume V_1 que contém N_1 moléculas com vetores velocidade $\vec{v}_1$, todas se dirigindo a uma das faces do recipiente de área A, como mostra a Figura 9.4:

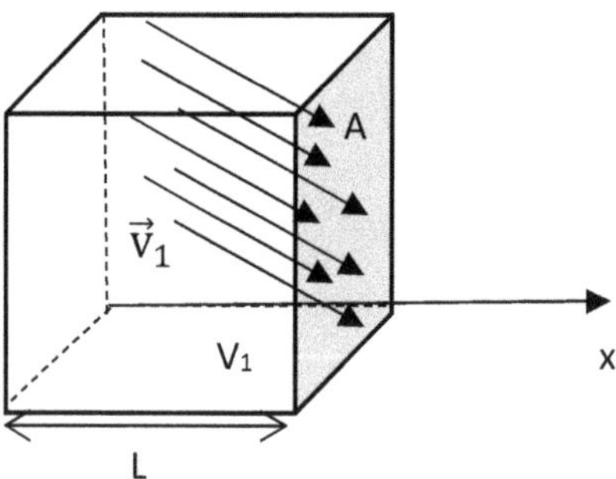

Fig.9.4 – Moléculas com velocidade $\vec{v}_1$ ocupando um volume V_1 e se chocando contra uma das paredes de área A do recipiente.

Repare que, no intervalo de tempo Δt_1 decorrido até que todas as moléculas com velocidade $\vec{v}_1$ atinjam a face A após percorrer L, tem-se que $L = v_{1x}\Delta t_1$.

Consideremos agora o número de moléculas N_1 sobre o volume V_1:

$$N_{V1} = \frac{N_1}{V_1} \rightarrow N_1 = N_{V1} \times V_1 = N_{V1} \times A \times L$$

$$N_1 = N_{V1} \times A \times v_{1x}\Delta t_1 \qquad \text{Eq.16.4}$$

[20] Obra citada.

De acordo com a Equação 15.4, a somatória de todos os impulsos transferidos à face A pelas moléculas com velocidade $\vec{v}_1$ é:

$$\sum J_1 = 2mv_{1x} \times N_{V1} \times A \times v_{1x}\Delta t_1 = 2mN_{V1}v_{1x}^2 A\Delta t_1$$

Pela 2ª lei de Newton:

$$\sum F_1 = \frac{\sum J_1}{\Delta t_1} = 2mN_{V1}v_{1x}^2 A \qquad \text{Eq.17.4}$$

E pela Equação 1.4:

$$P_1 = \frac{\sum F_1}{A} = 2mN_{V1}v_{1x}^2 \qquad \text{Eq.18.4}$$

Esta equação fornece a pressão exercida na face A por todas as moléculas com velocidade $\vec{v}_1$. Fica claro que a pressão exercida por um gás é diretamente proporcional ao quadrado da velocidade de suas moléculas.

Devido à distribuição isotrópica das moléculas num gás ideal, o número de moléculas com velocidade $-\vec{v}_{1x}$ é igual ao das moléculas com velocidade $+\vec{v}_{1x}$, de modo que, sendo N_{tV1} o número total de moléculas com velocidade de módulo v_1 dentro do volume V_1, é óbvio que $N_{V1} = \frac{N_{tV1}}{2}$, de modo que, da Equação 18.4:

$$P_1 = mN_{tV1}v_{1x}^2$$

Considerando-se as outras moléculas contidas no volume V com velocidades $\vec{v}_2$, $\vec{v}_3$...$\vec{v}_k$, e aplicando o mesmo raciocínio aplicado às moléculas com velocidade $\vec{v}_1$, a pressão total na face de área A será:

$$P = m\sum_1^k N_{tVi}v_{ix}^2 \qquad \text{Eq.19.4}$$

Define-se *velocidade quadrática média* como:

$$(v_x^2)_{med} = \frac{\sum_1^k N_{tvi} \times v_{ix}^2}{\sum_1^k N_{tvi}} \qquad \text{Eq.20.4}$$

Combinando as equações 19.4 e 20.4:

$$P = m(v_x^2)_{med} \times \sum_1^k N_{tVi}$$

Mas a somatória corresponde ao número total de moléculas do gás em todo o volume V. Logo:

$$P = m(v_x^2)_{med} \times \frac{N}{V} \qquad \text{Eq.21.4}$$

Num caso real, no entanto, a velocidade de cada molécula possui três componentes ortogonais:

$$(v^2)_{med} = (v_x^2)_{med} + (v_y^2)_{med} + (v_z^2)_{med}$$

e considerando novamente a aleatoriedade, de modo que não existe direção preferencial no movimento das moléculas, é justo se considerar que $(v_x^2)_{med} = (v_y^2)_{med} = (v_z^2)_{med}$. Assim:

$$(v^2)_{med} = 3(v_x^2)_{med} \rightarrow (v_x^2)_{med} = \frac{(v^2)_{med}}{3}$$

Aplicando esse resultado na Equação 21.4:

$$P = \frac{1}{3} m \frac{N}{V} (v^2)_{med}$$

Considerando agora que m é a massa de uma molécula, cujo valor é $\frac{M}{N_A}$ e que o número de moléculas N é igual à nN_A, onde M é a massa molecular, N_A é o número de Avogadro e n o número de mols, a pressão do gás se torna:

$$P = \frac{1}{3} \times \frac{M}{N_A} \times \frac{nN_A}{V} \times (v^2)_{med} \rightarrow PV = \frac{1}{3} Mn(v^2)_{med}$$

Lembrando que, pela equação de Clapeyron PV= nRT, chega-se a:

$$RT = \frac{1}{3} M(v^2)_{med}$$

Assim, finalmente:

$$(v)_{med} = \sqrt{\frac{3RT}{M}} \qquad \text{Eq.22.4}$$

Conclui-se, portanto, que a *velocidade quadrática média das moléculas de um gás ideal aumenta com a temperatura e diminui com a massa atômica.*

Por exemplo: para uma temperatura de 300 K, uma molécula de hidrogênio de massa molar $2{,}02 \times 10^{-3}$ kg/mol terá velocidade quadrática média de 1920 m/s, enquanto uma molécula de nitrogênio de massa molar $28{,}00 \times 10^{-3}$ kg/mol terá velocidade quadrática média de 28 m/s. Noutro caso, considerando apenas o hidrogênio, sua velocidade à 600 K passará para 2715,3 m/s.

Considerando uma molécula de massa m com velocidade média v_m, sua energia cinética média é $K_m = \frac{1}{2}mv_m^2$. Aplicando a Equação 22.4:

$$K_m = \frac{1}{2}m\frac{3RT}{M} = \frac{3}{2}\frac{mRT}{M}$$

Mas o quociente $\frac{M}{m}$ de uma única molécula corresponde ao número de Avogadro N_A, de modo que:

$$K_m = \frac{3}{2}\frac{RT}{N_A} \qquad \text{Eq.23.4}$$

Como N_A e R são constantes, deduz-se que a *energia cinética de uma molécula num gás ideal é diretamente proporcional apenas à sua temperatura.*

Se desconsiderarmos outras formas de energia do gás (como cinética ou potencial do conjunto), sua energia interna total pode ser obtida a partir da Equação 23.4. Para n mols de um gás ideal existem nN_A moléculas, logo:

$$E_i = \frac{3}{2}\frac{RT}{N_A} \times nN_A \rightarrow E_i = \frac{3}{2}nRT \qquad \text{Eq.24.4}$$

Esta expressão envolve apenas a energia de translação das moléculas, *consideradas como partículas monoatômicas*[21]. Existem outras formas de energia presentes, como de rotação dos átomos, de ligação entre eles numa molécula e a dos elétrons que giram em torno dos núcleos, mas que não exercem influência na pressão de um gás ideal. Uma comparação com a Equação 24.4 pode ser feita com a arrecadação obtida pela venda de ingressos para um espetáculo, onde n seria o número de pessoas que pagam (fator quantitativo), enquanto T corresponderia ao valor do ingresso (fator qualitativo).

[21] Condição para um gás ser considerado ideal.

À rigor, a energia cinética não é a mesma em cada molécula em uma dada temperatura, embora um valor médio pode ser considerado e que corresponde à energia da grande maioria das moléculas presentes num sistema em equilíbrio termodinâmico. A Figura 10.4 mostra como a quantidade N de moléculas de um gás ideal varia num sistema fechado a uma dada temperatura, em função de sua energia cinética E:

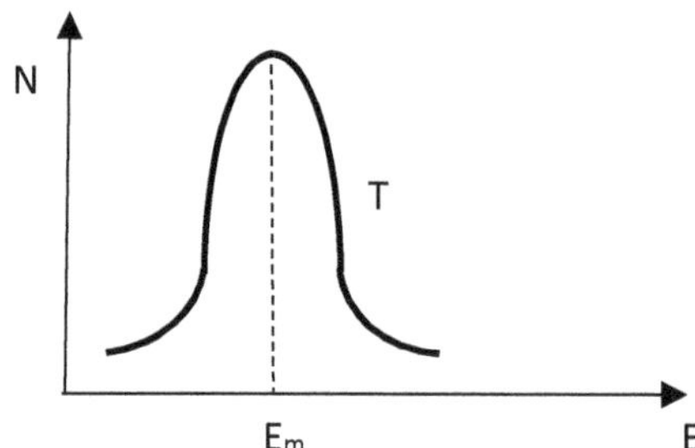

Fig.10.4 – Distribuição do número de moléculas N em função de sua energia cinética E em um gás ideal, a uma dada temperatura T.

Repare que a grande maioria das moléculas apresenta uma energia média E_m ou próxima desse valor, enquanto para valores muito afastados desse número a quantidade é desprezível.

EXERCÍCIOS MODELOS

No Anexo V se encontra uma tabela de massas atômicas

1) Um balão contém 220 gramas de gás carbônico (CO_2), inicialmente à uma pressão de 5,0 atm e temperatura de 27° C. Determine:

a) o número de mols no gás b) o volume inicial

c) a nova pressão se o gás for confinado num recipiente de 2,0 litros, mantendo-se a temperatura inicial

Resolução

a) a massa molecular do CO_2 é: M = 12 + 2 x 16 = 44, logo: $n = \frac{220}{44} = 5$ mols

b) usando a equação de Clapeyron: $V = \frac{nRT}{P} = \frac{5 \times 0{,}082 \times 300}{5} = 24{,}6$ litros

c) usando novamente Clapeyron: $P = \frac{nRT}{V} = \frac{5 \times 0{,}082 \times 300}{2} = 61{,}5$ atm

2) Um balão cuja pressão interior é sempre igual ao do meio ambiente, contém 12 litros de um gás ideal, inicialmente à uma temperatura de 27° C. Determine o volume final após a temperatura do gás ser elevada até 127° C, sem alterar as condições ambientais.

Resolução

Como a pressão interna do gás é sempre igual à do ambiente e que não muda, a transformação é isobárica. Portanto, utilizando a lei de Gay-Lussac, Equação 6.4:

$$\frac{V_1}{T_1} = \frac{V_2}{T_2} \rightarrow \frac{12}{300} = \frac{V_2}{400} \rightarrow V_2 = 16 \text{ litros}$$

Repare que as temperaturas dadas foram transformadas para Kelvin.

3) A pressão de um gás ideal varia com seu volume de acordo com a fórmula $P = \frac{2}{V}$, sendo a pressão medida em bária e o volume em litros. Determine, em Joules, o trabalho realizado pelo gás numa expansão de 1,0 a 4,0 litros.

Resolução:

Utilizando a Equação 10.4:

$$W = \int_1^4 \frac{2}{V} dV = 2\ln\left(\frac{4}{1}\right) = 2{,}77 \text{ bar. L} = 2{,}77 \times 10^5 \times 10^{-3} = 277 \text{ J}$$

4) Um balão contém 162 g de gás cianídrico (HCN), inicialmente à uma temperatura de 27° C e pressão de 1,2 atm. Determine o trabalho realizado numa expansão isobárica de 0,1 m^3, seguido de uma contração isotérmica de 0,02 m^3.

Resolução

A massa molecular é M = 1 + 12 + 14 = 27, e o número de mols é $n = \frac{162}{27} = 6$.

Da Equação de Clapeyron, o volume inicial é $V = \frac{nRT}{P} = \frac{6 \times 8{,}314 \times 300}{1{,}2 \times 10^5} = 0{,}12471 \text{ m}^3$

Na expansão isobárica e usando a Equação 11.4:

$$W_1 = P\Delta V = 1{,}2 \times 10^5 \times 0{,}22471 = 26{,}9652 \text{ kJ}$$

Após essa expansão e usando a lei de Gay-Lussac, Equação 6.4:

$$\frac{0{,}12471}{300} = \frac{0{,}22471}{T_2} \rightarrow T_2 = 540{,}56\ \text{K}$$

Na contração isotérmica, usando a Equação 12.4:

$$W_2 = nRT\ln\left(\frac{V_f}{V_i}\right) = 6 \times 8{,}314 \times 540{,}56 \times \ln\left(\frac{0{,}10471}{0{,}12471}\right) = -4{,}7134\ \text{kJ}$$

Assim o trabalho total é: $W = W_1 + W_2 = 22{,}2518$ kJ.

5) Determine a velocidade quadrática média e a energia cinética de uma molécula de dióxido de carbono à 400 K.

<u>Resolução</u>

Aplicando a Equação 22.4 e considerando a massa molecular do dióxido de carbono igual a 44:

$$v_{med} = \sqrt{\frac{3 \times 8{,}314 \times 400}{44 \times 10^{-3}}} \cong 476{,}18\ \text{m/s}$$

Aplicando a Equação 24.4:

$$E = \frac{3}{2} \times \frac{8{,}314 \times 400}{44 \times 10^{-3}} \cong 113{,}37\ \text{kJ}$$

6) Determine a energia interna de 100 g de hélio à 227 °C.

<u>Resolução</u>

O número de mols é $n = \frac{100}{4} = 25$ mols e a temperatura é 500 K. Aplicando a Equação 24.4:

$$E = \frac{3}{2} \times 25 \times \frac{8{,}314}{4 \times 10^{-3}} \times 500 \rightarrow E \cong 77943{,}75\ \text{kJ}$$

EXERCÍCIOS PROPOSTOS

1) Um recipiente de 20 litros contém 80 g de gás metano (CH_4), aqui considerado como gás ideal. Sendo a temperatura do gás igual a 27° C, determine sua pressão.

2) Um gás ideal sofre uma transformação física, de modo que a pressão dobra de valor e a temperatura se reduz à metade. O que ocorreu com seu volume?

3) Gás hidrogênio (H_2) considerado como gás ideal, está confinado num recipiente rígido de 5,0 litros, sob pressão de 4,0 atm e à uma temperatura de 27° C. Verifica-se que, após ocorrer um vazamento, sua pressão caiu para 3,0 atm e sua temperatura se reduziu para 20° C. Determine a massa deste gás que vazou.

4) Um gás ideal é submetido à uma compressão muito rápida, de modo que seu volume se reduz em 80%. De quanto variou a pressão?

5) Um gás ideal encerrado num recipiente com volume fixo, tem sua temperatura dobrada. Qual a variação da pressão?

6) Um gás ideal está encerrado numa câmara dotada de êmbolo móvel. O que acontece com o volume se sua temperatura for triplicada? Despreze o atrito do êmbolo com a parede da câmara.

7) Um sistema é constituído por três balões de vidro, tubos de conexão que permitem a passagem de gases entre os balões e duas válvulas representadas por $\otimes$, como mostra a figura:

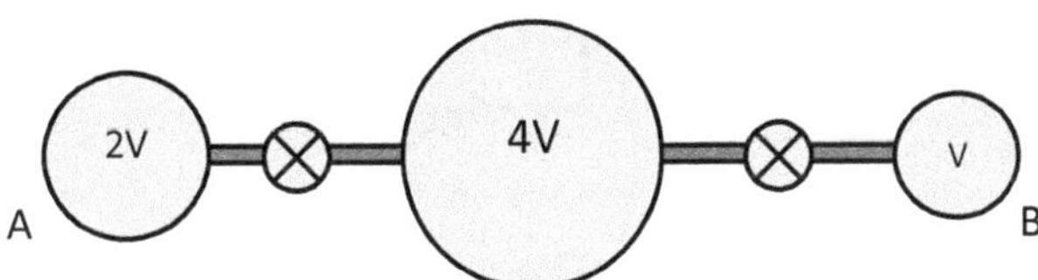

Os volumes dos balões estão indicados, sendo desprezíveis os volumes dos tubos de conexão. Inicialmente o balão central está evacuado e as válvulas fechadas. A temperatura é mantida constante em todo o processo. O balão A contém n moles de um gás ideal, enquanto o balão B contém gás de mesma substância que o de A, mas com o dobro de moles. Sabendo que a pressão inicial no balão A é P, determine:

a) a pressão inicial do gás no balão B, em função de P

b) a pressão final do gás nos três balões após a abertura das válvulas, em função de P.

8) O gráfico representa a variação da pressão P de um gás ideal e em função de seu volume V, entre dois estados A e B. No sentido de A para B estão indicadas três rotas diferentes, sendo cada uma numerada de 1 a 3:

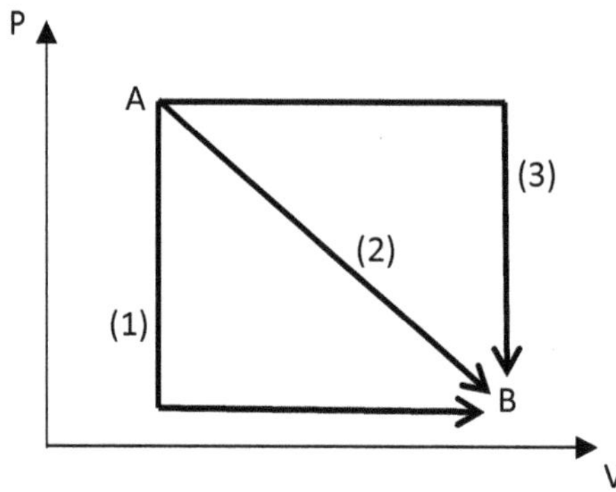

Disponha em ordem crescente o trabalho realizado nas três rotas e justificando. Qual a conclusão importante que se obtém desse exercício?

9) Um gás ideal tem sua pressão variando de acordo com a fórmula $P = V^{\frac{2}{3}}$, onde P é medido em bar e V em litros. Determine em Joules o trabalho realizado no gás nos seguintes casos:

a) expansão de 2 a 5 litros

b) contração de 8 a 5 litros

10) O gráfico mostra como varia a pressão de um gás ideal em função de seu volume.

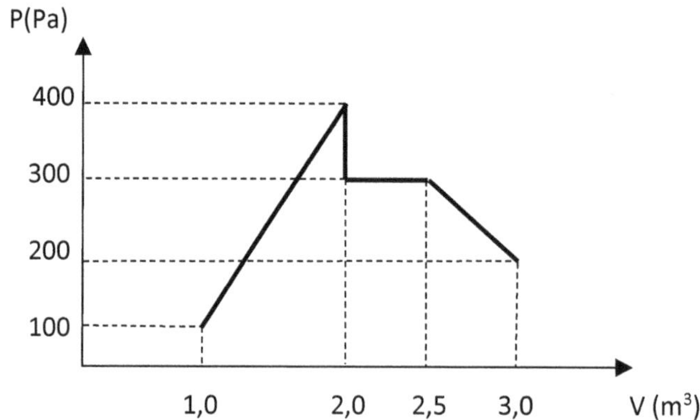

Determine o trabalho realizado por este gás na expansão de 1,0 a 3,0 m^3.

11) O gráfico mostra como varia a pressão (em atm) com seu volume (em litros), de acordo com uma função quadrática do tipo $y = ax^2 + bx + c$:

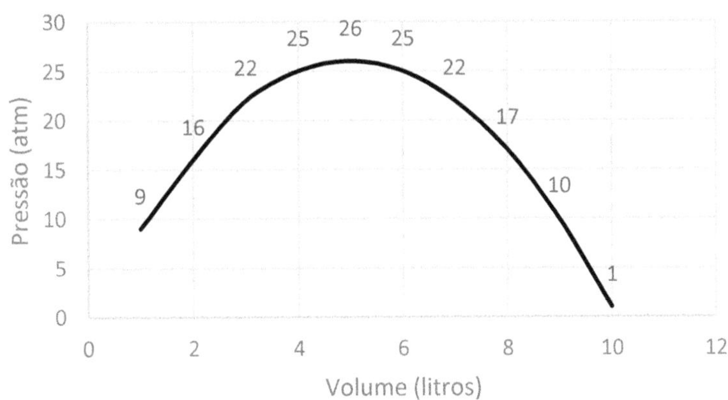

Determine, em kilojoules, o trabalho realizado numa expansão de 1,0 a 10,0 litros.

12) Determine o trabalho realizado por um gás à 20 bar, sob transformação isobárica de 1,0 a 5,0 litros.

13) Determine o trabalho realizado por 140 gramas de gás nitrogênio (N_2) à 0 ^{0}C, quando expande isotermicamente de 10 a 40 litros.

14) Compare as velocidades quadráticas médias entre o gás hélio He com o metano CH_4, com ambos à mesma temperatura.

15) Determine as velocidades quadráticas médias que o gás oxigênio O_2 apresenta nas seguintes temperaturas:

a) 20 ºC b) 100 ºF c) 320 K d) 1080 ºR

16) Determine o quociente entre a velocidade quadrática média final e inicial de um gás ideal, ou $\frac{v_f}{v_i}$, após sua temperatura ser:

a) dobrada b) quadruplicada c) reduzida à metade d) reduzida à quarta parte

17) Determine a temperatura que o gás ozônio O_3 apresenta em condições ideais, quando a velocidade quadrática média de suas moléculas for igual à 150 m/s.

18) Determine a massa molecular de um gás ideal à 127 ºC, quando a velocidade quadrática média de suas moléculas for igual à 500 m/s.

19) Determine a energia de um átomo de hidrogênio à 300 ºC.

20) Determine a energia interna de 4,9 kg de gás sulfúrico H_2SO_4 à 27 ºC, considerando-o como ideal.

21) Determine a temperatura de 500 g de argônio, sabendo que sua energia interna é igual a 30 kJ.

22) Determine a massa de gás hélio à 720 ºR, sabendo que sua energia interna é igual a 50 kcal.

23) Determine a pressão de 528 gramas de dióxido de carbono CO_2 no estado gasoso, à 27 ºC e ocupando 2,0 litros, aplicando as seguintes equações:

a) Clapeyron b) van der Waals c) Dieterich: $P = \frac{RT}{\bar{V}-b} e^{\frac{-a}{\bar{V}RT}}$

<u>Dados</u>: $a = 0{,}361 \ \frac{m^6 \ Pa}{mol^2}$ e $b = 4{,}2 \times 10^{-5} \ \frac{m^3}{mol}$

Como poderíamos explicar as diferenças?

Capítulo 5

PRIMEIRA LEI DA TERMODINÂMICA

- A EXPERIÊNCIA DE JOULE
- PRIMEIRA LEI DA TERMODINÂMICA
- CONVENÇÃO DE SINAIS
- CASOS PARTICULARES

A experiência de Joule

Esta experiência devida à Joule[22], demonstra que o aumento da temperatura de um sistema pode ocorrer sem transferência de calor, desde que trabalho seja realizado sobre ele. A Figura 1.5 mostra uma representação desta experiência:

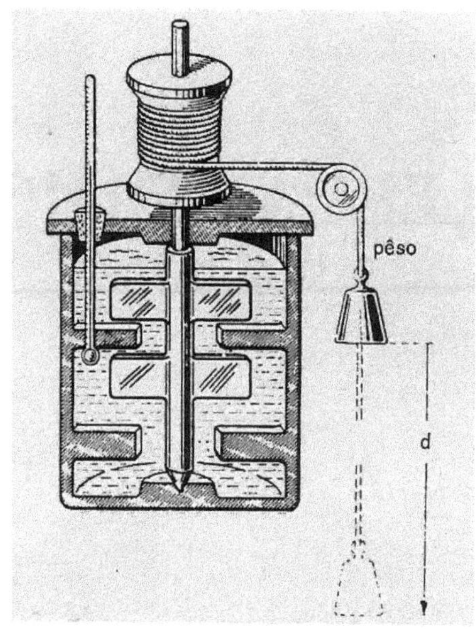

Fig.1.5 – Representação da experiência de Joule. Fonte: Ciência Ilustrada (1973).

Nesse experimento vê-se um peso amarrado a uma corda que, após passar por uma roldana, é conectada ao eixo de uma manivela. Assim que o peso desce, a manivela faz girar pás imersas em água contida num calorímetro. O termômetro acusa a elevação da temperatura da água e, consequentemente, de sua energia interna, através da seguinte sequência de transformação:

energia potencial gravitacional → energia cinética → energia interna

Para se determinar a variação de temperatura da água dentro do calorímetro, considera-se uma quantidade de calor sensível que, sendo fornecida à mesma quantidade de água dentro do calorímetro, produz o mesmo aquecimento:

$$mgh = Mc\Delta T \rightarrow \Delta T = \frac{mgh}{Mc} \qquad \text{Eq.1.5}$$

onde M é a massa e c o calor específico, ambos da água, m a massa do peso, h o comprimento de descida do peso e g a aceleração da gravidade.

[22] James Prescott Joule (1818 – 1889)

Primeira lei da Termodinâmica

Esta lei envolve basicamente três formas de energia mutuamente intercambiáveis: o *calor trocado*, o *trabalho realizado* e a *energia interna*. Da Equação $E_i = \frac{3}{2}nRT$ apresentada no Capítulo 4 para gases ideais monoatômicos, vê-se que a energia interna é diretamente proporcional à temperatura (em Kelvin ou Rankine), de modo que apenas no zero absoluto ($0K = 0\ {}^0R$) essa energia é nula. Tal situação, aliás, ainda não foi atingida experimentalmente, de modo que não se trata de um caso usual. Assim, qualquer sistema termodinâmico possui uma energia interna que passaremos a simbolizar por U. Esse valor, no entanto, pode ser alterado quando o sistema participa de uma troca de calor Q e realiza um trabalho W. É uma situação similar ao que ocorre numa conta bancária, cujo montante sofre variação em função dos créditos e débitos.

Considerando um sistema fechado[23] em *repouso* e representando sua variação da energia interna por $\Delta U = U_{final} - U_{inicial}$, a *Primeira Lei da Termodinâmica* pode ser expressa em fórmula por:

$$\Delta U = Q - W \qquad \text{Eq.2.5}$$

Essa colocação não é arbitrária. De fato, considere um cilindro dotado de êmbolo móvel contendo um gás ideal. Fornecendo calor ao gás, ele aquece (ganho de energia interna), enquanto durante sua consequente expansão ocorre realização de trabalho contra o êmbolo e o meio ambiente (perda de energia interna). O saldo entre o ganho e a perda determina a variação da energia interna do sistema.

A Figura 2.5 representa essa transformação entre energias:

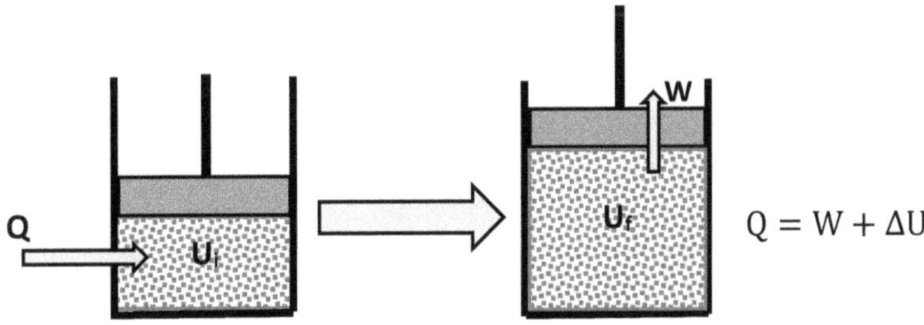

Fig.2.5 – Representação da transformação de calor em trabalho e variação da energia interna num sistema fechado.

[23] Ou *quimicamente fechado*, sendo um sistema que não troca matéria com o meio ambiente, podendo, no entanto, trocar energia. Exemplo: uma garrafa comum tampada.

Convenção de sinais

A equação da energia interna fornece a energia contida num sistema gasoso, correspondendo à somatória das energias cinéticas de cada molécula e diretamente proporcional à temperatura do gás. Essa somatória pode ser identificada como a própria energia interna do gás, de modo que $U = \frac{3}{2}nRT$. Assim, para uma variação de temperatura ΔT, a variação de energia interna é:

$$\Delta U = \frac{3}{2}nR\Delta T \qquad \text{Eq.3.5}$$

Deduz-se, portanto, que, para um *sistema fechado, o sinal da variação da energia interna é o mesmo que do sinal da variação da temperatura.* Assim, generalizando:

$$\Delta T > 0 \rightarrow \Delta U > 0 \text{ (aumento de temperatura)}$$

$$\Delta T < 0 \rightarrow \Delta U < 0 \text{ (diminuição de temperatura)}$$

Casos particulares

Num sistema fechado, alguns casos particulares de transformação da energia merecem atenção.

Transformação isotérmica

Essa transformação ocorre quando a temperatura é mantida constante. Pela Equação 3.5 deduz-se que $\Delta U = 0$ para $\Delta T = 0$, e pela Equação 2.5, $Q = W$.

Transformação isocórica

Essa transformação ocorre quando o volume é mantido constante, de modo que não há realização de trabalho, ou seja, $W = 0$. Assim, pela Equação 2.5: $Q = \Delta U$.

Transformação adiabática

Essa transformação ocorre quando não há troca de calor do sistema fechado com suas vizinhanças, ou Q = 0. Assim, pela Equação 2.5, $W = -\Delta U$.

EXERCÍCIOS MODELOS

1) Determine a energia interna de 200 mols de um gás ideal mantido à 27° C.

Resolução

Aplicando a Eq.3.5:

$$U = \frac{3}{2}nRT = \frac{3}{2} \times 200 \times 8{,}314 \times 300 \rightarrow U = 748{,}26 \text{ kJ}$$

2) Na experiência de Joule, um bloco de 5 kg desce 5 metros de altura. Determine a temperatura final de 100 g de água, inicialmente à 10 ^{0}C, contida no calorímetro.

Resolução

Pela Eq.1.5:

$$\Delta T = \frac{mgh}{Mc} = \frac{5 \times 9{,}8 \times 5}{0{,}1 \times 4200} \cong 0{,}58\ ^0\text{C}$$

Logo, a temperatura final da água será de 10,58 ^{0}C.

3) Num sistema termodinâmico, verifica-se que a retirada de 500 kcal de calor acarreta uma redução de 200 kcal de energia interna. Determine o trabalho realizado.

Resolução

Pela Eq.2.5 da Primeira Lei da Termodinâmica e adotando a convenção de sinais:

$$W = Q - \Delta U \rightarrow W = -500 - (-200) = -300 \text{ kcal}$$

Portanto, o trabalho foi realizado sobre o sistema e, se for um gás, houve contração volumétrica.

4) O gráfico mostra como a pressão de 5 mols de um gás ideal, inicialmente a 17° C, varia com seu volume.

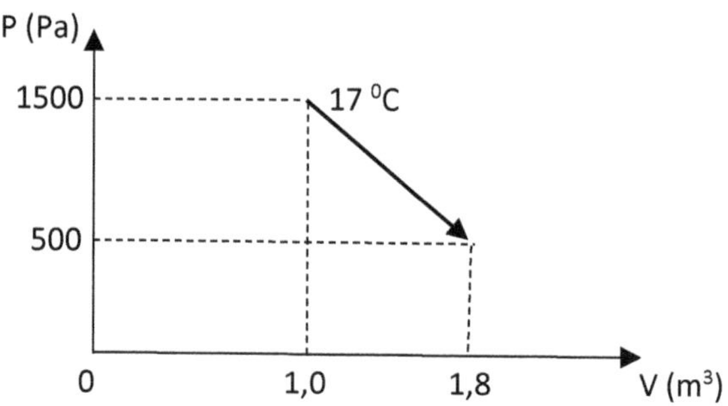

Determine:

a) a temperatura final

b) o trabalho realizado

c) a variação da energia interna

d) a quantidade de calor trocado

Resolução

a) Sendo gás ideal:

$$\frac{P_1V_1}{T_1} = \frac{P_2V_2}{T_2} \rightarrow \frac{1500 \times 1}{290} = \frac{500 \times 1,8}{T_2} \rightarrow T_2 = 174 \text{ K} = -99\ ^0\text{C}$$

b) Pela área da figura e havendo expansão, o trabalho é positivo:

$$W = \frac{(1500 + 500) \times 0,8}{2} = 800 \text{ J}$$

c) Pela Eq.3.5 da variação da energia interna:

$$\Delta U = \frac{3}{2}nR\Delta T = \frac{3}{2} \times 5 \times 8,314 \times (-99 - 17) = -1621,23 \text{ J}$$

d) Pela Eq.2.5 da Primeira Lei da Termodinâmica:

$$Q = 800 + (-1621,23) \rightarrow Q = -821,23 \text{ J}$$

Logo, o gás perdeu calor.

5) Um sistema termodinâmico é conduzido primeiramente de um estado A até um estado B, para depois ser conduzido até um estado C, depois para D e, finalmente, retornando ao estado A, de modo a completar um ciclo, como mostra a diagrama PV:

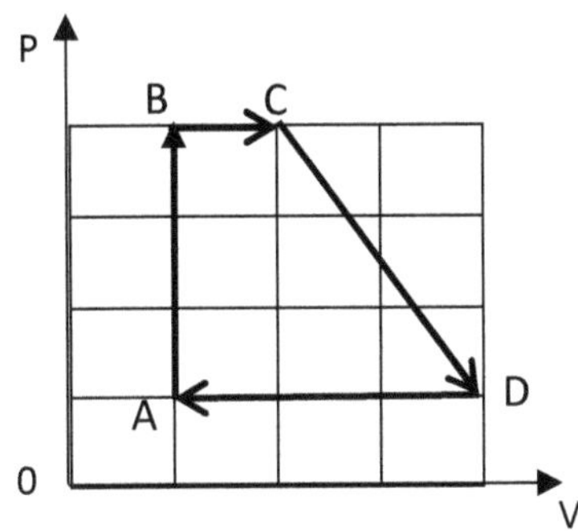

	Q	W	ΔU
A → B	+ 20		
B → C		+ 5	
C → D		+ 15	+ 15
D → A	+ 10		- 10

Com base no gráfico, complete a tabela dada.

Resolução

Não há preocupação aqui com unidades, apenas com os valores e respectivos sinais. Esse problema é facilitado ao se inserir na tabela uma linha adicional ABCD, correspondendo à somatória dos valores em todo o ciclo, como se mostra abaixo:

	Q	W	ΔU
A → B	+ 20	x	y
B → C	z	+ 5	t
C → D	u	+ 15	+ 15
D → A	+ 10	v	- 10
ABCD	r	s	**0**

Repare que a *somatória das variações de energia interna ΔU deve ser nula*, visto que a transformação é cíclica, isto é, as condições iniciais são as mesmas das condições finais, como pressão, volume, temperatura e, logicamente, a energia interna.

De saída se deduz que o valor de x é nulo, pois não há realização de trabalho no trecho AB (volume constante), logo, e aplicando a Eq.2.5, se calcula que y = 20. Passando para a linha CD e depois DA:

$$u = 15 + 15 \rightarrow u = 30$$

$$10 = v - 10 \rightarrow v = 20$$

Somando os valores para ΔU, se obtém $t = -25$ e, consequentemente, $z = -20$.

Assim a tabela se completa:

	Q	W	ΔU
A → B	20	0	20
B → C	- 20	5	- 25
C → D	30	15	15
D → A	10	20	- 10
ABCD	**40**	**40**	**0**

$Q_q - Q_f$

Além de obedecer a Equação 2.5, a somatória para cada grandeza em cada etapa deve coincidir com o valor final referente ao ciclo. No final das contas se conclui que, após completar um ciclo, o calor líquido trocado (a diferença entre o calor ganho na fonte quente e dissipado na fonte fria) é igual ao trabalho realizado, no caso igual a 40 unidades de energia.

EXERCÍCIOS PROPOSTOS

1) Um recipiente contém 100 mols de um gás ideal mantido à 27° C. Determine a energia interna desse gás.

2) Constata-se que 30 quilocalorias de energia interna estão armazenadas em 20 mols de um gás ideal. Determine sua temperatura em Célsius.

3) Um recipiente contém 960 gramas de ozônio, de fórmula O_3, considerado como gás ideal, mantido à uma temperatura constante de 77° C. Determine a energia interna desse gás, em kilojoules.

4) Digamos que, no exercício 3, sejam acrescentados no recipiente 96 gramas de ozônio, de modo que a temperatura final do gás seja de 87° C. Qual a nova energia interna do sistema?

5) Um recipiente contém 10 mols de gás ideal, inicialmente à 37 °C. Devido a um vazamento lento, a energia interna do gás diminuiu de 20 kJ, mas sem variar sua temperatura. Determine o número de mols do gás que vazou.

6) Na experiência de Joule, um peso de 10 kg desce 4 metros de altura. Determine a variação de temperatura de 200 gramas de água contida no calorímetro. Adote aceleração da gravidade $g = 9,8\ m/s^2$.

7) Digamos que água a 20° C cai de uma elevação de 50 metros. Considerando que só houve transformação de energia potencial gravitacional em energia interna, determine a temperatura da água ao findar a queda.

8) Considere um gás ideal encerrado num recipiente dotado de êmbolo móvel, passando por uma transformação isobárica à 10 atm. Verifica-se que, após se fornecer 5 kJ de calor ao gás, ele expandiu 4 litros. Determine a variação de energia interna desse gás.

9) Num recipiente dotado de êmbolo móvel, 116 gramas de gás hidrogênio, de fórmula H_2 e considerado ideal, passa por uma transformação isotérmica, de modo que seu volume diminui de 4 para 2 litros à 27° C. Determine a quantidade de calor retirada do gás.

10) Um recipiente contém 140 gramas de monóxido de carbono, de fórmula CO e considerado gás ideal, inicialmente à 27° C. Determine a temperatura final do gás, em graus Célsius, após receber 5 kJ de calor durante uma transformação isocórica.

11) O gráfico mostra como a pressão variou com seu volume dentro de um recipiente contendo 264 gramas de dióxido de carbono, de fórmula CO_2 e considerado ideal:

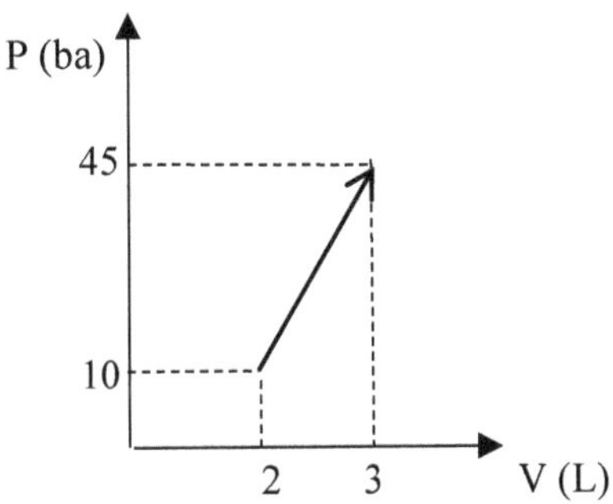

Sendo a temperatura inicial 17 °C, determine:

a) a temperatura final

b) o trabalho realizado pelo gás

c) a variação da energia interna

d) a quantidade de calor trocada (o calor foi fornecido ou retirado?)

12) O gráfico mostra como varia a pressão de 336 gramas de nitrogênio, de fórmula N_2 e considerado gás ideal, em função do seu volume:

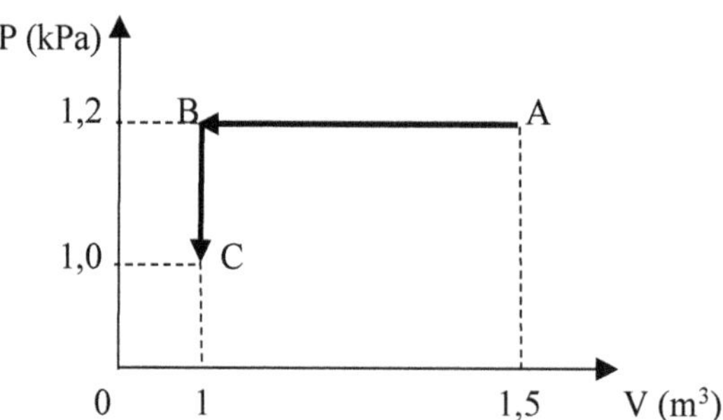

Sendo 877 ºC a temperatura inicial em A, determine:

a) o trabalho realizado

b) a temperatura final

c) a variação da energia interna

d) a quantidade de calor trocada (o calor foi fornecido ou retirado?)

13) Se no exercício anterior a transformação de A para C fosse feita por outra rota, em qual ou quais resultados obtidos certamente não haveria mudança? Justifique.

14) A figura mostra um sistema fechado composto por um pistão dotado de êmbolo móvel, onde se encerra 50 g de gás oxigênio mantido à temperatura de 27 ºC. Um bloco de 5 kg está apoiado sobre o êmbolo de peso desprezível e em equilíbrio:

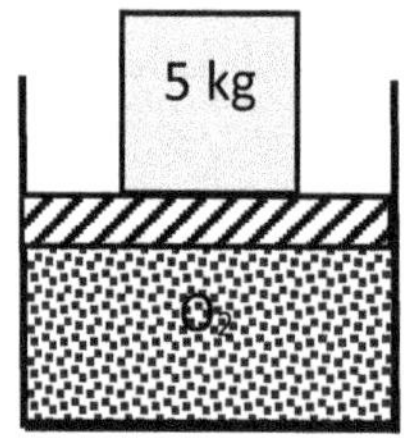

Num dado momento o gás recebe uma quantidade de calor, de modo que sua temperatura se eleva para 127 ºC. Sendo o êmbolo um disco circular de raio 20 cm, mantendo o peso sobre o gás constante e sendo a aceleração da gravidade igual a 9,8 m/s^2, determine:

a) a pressão inicial no gás

b) o número de mols do gás

c) o volume inicial do gás

d) o volume final do gás

e) o trabalho realizado pelo pistão

f) a variação de energia interna do gás

g) a quantidade de calor fornecida ao gás

15) Um gás contido num recipiente que possui um êmbolo móvel de área 5,0 cm^2 e massa 5,0 kg. Considerando pressão atmosférica 10^5 Pa e desprezando atrito entre o êmbolo e o cilindro, determine a pressão no gás contido no recipiente para equilibrar o êmbolo.

16) O estado inicial de um gás em um sistema quimicamente fechado é 1,5 mol, $4,5 \times 10^5$ N/m^2, 0,1 m^3 e 5,0 kJ de energia interna. Partindo destas condições, o gás se expande isotermicamente até a pressão de $1,5 \times 10^5$ N/m^2, para em seguida aquecer isocoricamente até o estado final de $2,5 \times 10^5$ N/m^2.

a) mostrar esse processo no diagrama PV

b) determinar o trabalho efetuado pelo gás

c) determinar a temperatura final

d) determinar o calor absorvido

17) Dado o gráfico PV de dez mols de um gás ideal confinado num sistema quimicamente fechado, complete a tabela ao lado do gráfico, sabendo que no trecho BC a transformação é isotérmica:

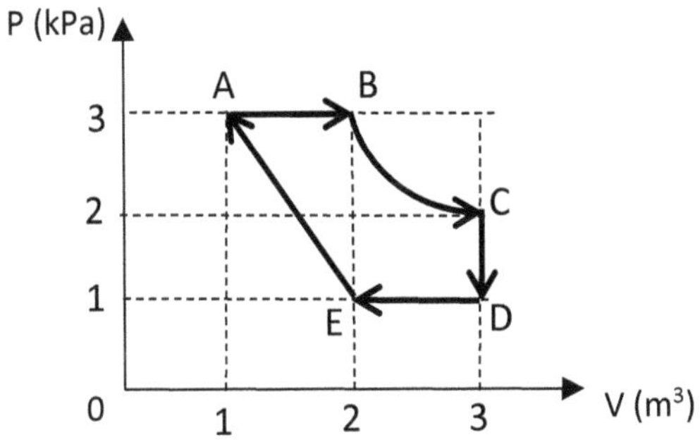

	Q (kJ)	W (kJ)	ΔU (kJ)
A → B	x	y	z
B → C	t	u	v
C → D	k	m	n
D → E	o	p	q
E → A	r	s	w

18) Dado o gráfico PV num ciclo descrito por um gás ideal:

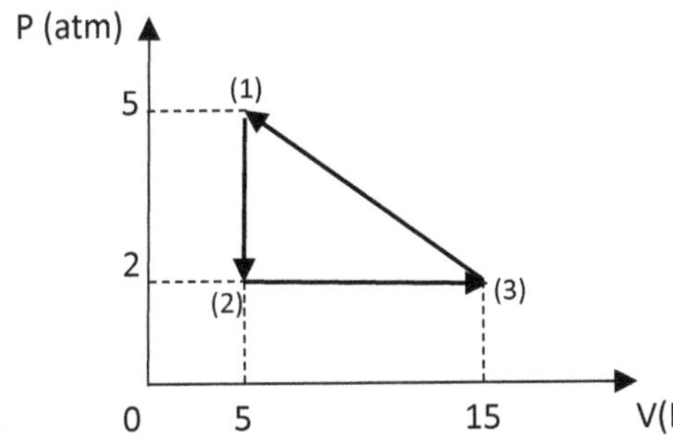

	Q (kJ)	W (kJ)	ΔU (kJ)
1 → 2			- 2
2 → 3			
3 → 1			3

Preencha corretamente a tabela dada com os valores em kilojoules.

19) Dado o gráfico PV num ciclo descrito por um gás ideal:

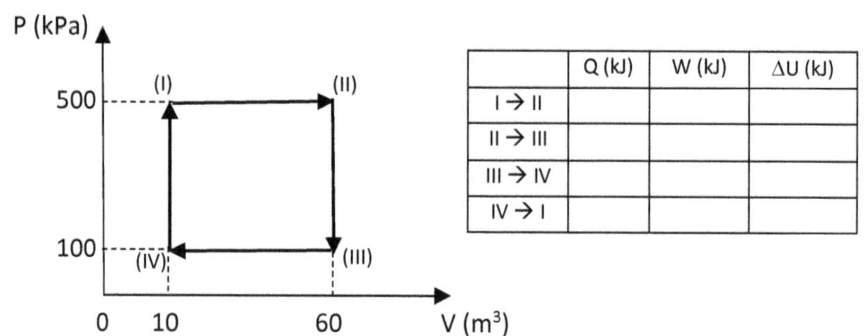

	Q (kJ)	W (kJ)	ΔU (kJ)
I → II			
II → III			
III → IV			
IV → I			

Preencha corretamente os valores na tabela.

20) Dado o gráfico P-*v* num ciclo Rankine, descrito por 100 g de um gás ideal:

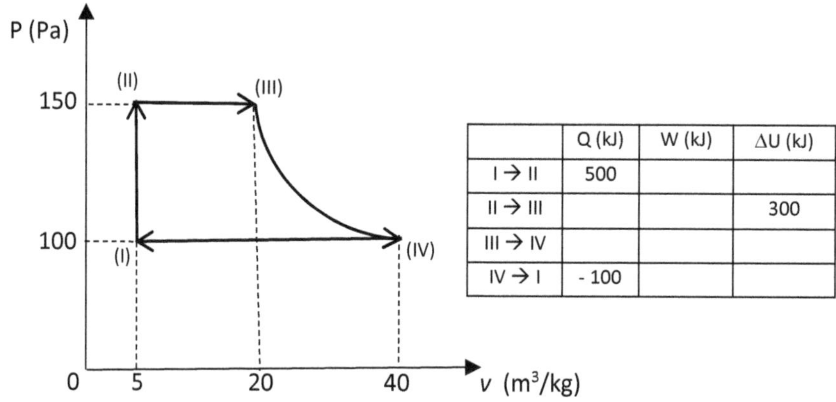

	Q (kJ)	W (kJ)	ΔU (kJ)
I → II	500		
II → III			300
III → IV			
IV → I	- 100		

Complete corretamente a tabela, sabendo que a etapa (I) para (II) é praticamente isocórica, enquanto a (III) para (IV) é adiabática.

21) Seja a expressão que fornece a pressão de um gás ideal em função do seu volume específico:

$$P = 3v^{\frac{1}{4}}$$

onde *v* é o volume específico em m^3/kg e P a pressão em kilopascal.

Determine o trabalho desenvolvido por 500 g desse gás nos seguintes casos:

a) de 10 a 50 litros b) de 1,0 a 5,0 kPa c) de 20 a 10 m^3

Capítulo 6

SEGUNDA LEI DA TERMODINÂMICA

- CICLOS TÉRMICOS
- A SEGUNDA LEI DA TERMODINÂMICA NOS CICLOS TÉRMICOS
- CICLOS TÉRMICOS REAIS
- RENDIMENTO MÁXIMO

Ciclos térmicos

Todo ciclo é um percurso fechado, de modo que o ponto final da trajetória coincide com o ponto inicial. No caso de um ciclo térmico, uma forma conveniente de representá-lo é através do gráfico *pressão versus volume*, visto que nele, conforme foi demonstrado no Capítulo 4, se obtém o trabalho através da área.

A título de exemplo, consideremos o ciclo representado na Figura 1.6:

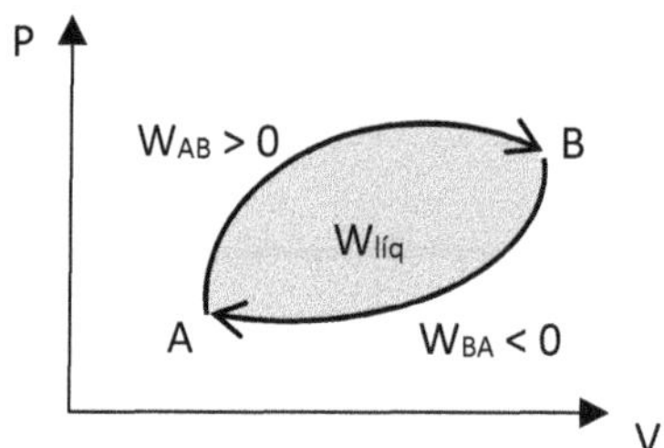

Fig.1.6 – Ciclo representado no gráfico PV.

De A para B o trabalho realizado é positivo, pois ocorre expansão volumétrica, enquanto de B para A o trabalho é negativo, pois há contração volumétrica. Como a área coberta pela linha AB é maior do que pela linha BA, o saldo é positivo e corresponde ao trabalho líquido $W_{AB} + W_{BA}$, sendo $W_{AB} > 0$ e $W_{BA} < 0$. *A diferença entre as áreas corresponde à área interna do ciclo*, sombreada na Figura 1.6, e que é *igual numericamente ao trabalho líquido* obtido, neste caso positivo. É óbvio que, se o sentido do ciclo for invertido, o saldo será negativo. Logo, vale a regra prática representada na Figura 2.6:

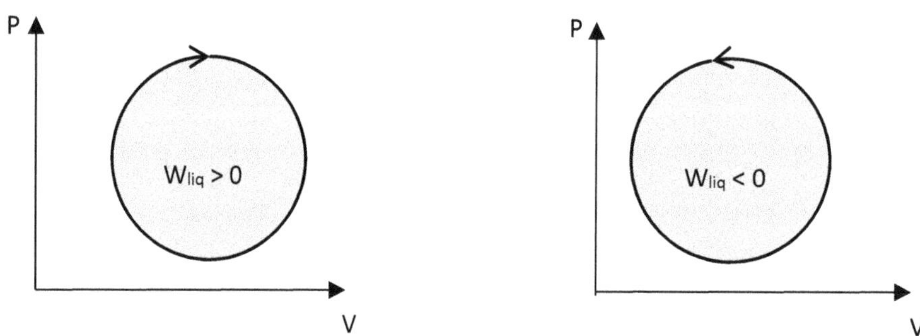

Fig.2.6 – No gráfico PV o sentido do ciclo indica o sinal do trabalho líquido: sentido horário indica saldo positivo de trabalho, enquanto sentido anti-horário indica saldo negativo de trabalho.

A Segunda Lei da Termodinâmica nos ciclos térmicos

Todo motor a combustão que opera em ciclos dispõe de uma fonte ou *reservatório quente* com uma temperatura mais alta (normalmente a câmara de combustão) e de um *reservatório frio* com uma temperatura mais baixa (sistema de refrigeração ou o próprio meio ambiente), com as *duas temperaturas sendo mantidas constantes*. O calor fornecido pelo reservatório quente é parcialmente transformado em trabalho, enquanto a outra parte é descarregada para o reservatório frio. Esse processo está representado na Figura 3.6, sendo a largura das setas proporcional à quantidade de energia:

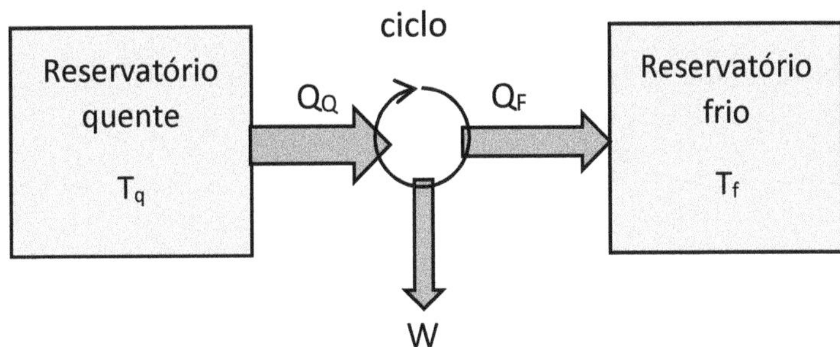

Fig.3.6 – Num motor à combustão operando em ciclos, parte do calor Q_Q fornecido por um reservatório quente (com uma temperatura T_Q) é aproveitado para a realização de um trabalho W, enquanto a parte do calor Q_F que sobra é descarregada para um reservatório frio (com uma temperatura T_F).

O trabalho útil deste ciclo é obtido pela diferença entre o calor fornecido pelo reservatório quente e o calor rejeitado no reservatório frio:

$$W = |Q_Q| - |Q_F| \qquad \text{Eq.1.6}$$

As quantidades de calor estão em módulo, porque não está sendo observada a convenção de sinais para transferência de calor.

Sendo o motor um dispositivo cujo propósito é realizar trabalho, percebe-se que o calor descarregado no reservatório frio é desperdiçado para essa finalidade. Isso levou ao enunciado da *Segunda Lei da Termodinâmica* aplicada a motores, também conhecida como *versão de Kelvin-Planck*: "*Num ciclo térmico, é impossível que todo calor transferido seja convertido integralmente em trabalho*". Ou seja, é impossível que, com base no esquema da Figura 3.6, $W = Q_Q$ ou $Q_F = 0$.

O aproveitamento de uma máquina térmica, portanto, nunca atinge 100%, e seu *rendimento* é definido pela Equação 2.6:

$$r = \frac{W}{|Q_Q|} = 1 - \frac{|Q_F|}{|Q_Q|} \qquad \text{Eq.2.6}$$

de modo que $0 < r < 1$.

Na forma percentual: $r_{\%} = r \times 100$, de modo que $0 < r_{\%} < 100\%$.

A versão de Kelvin-Planck dessa lei pode ser enunciada de outra maneira: "*É impossível para um sistema térmico operando em ciclos, exercer trabalho para sua vizinhança enquanto recebe energia de um único reservatório térmico*", como mostra a Figura 4.6:

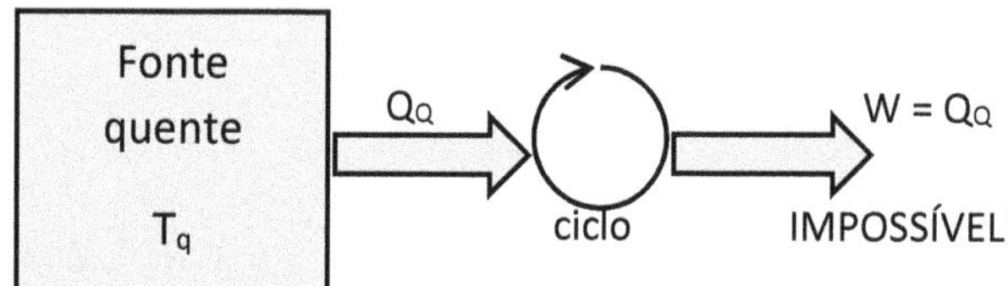

Fig.4.6 – Uma outra maneira de expressar a Segunda Lei da Termodinâmica na versão de Kelvin-Planck.

Ou seja, é necessária a presença de uma fonte fria para a realização de trabalho.

Quando o processo no motor térmico é invertido, temos um *refrigerador*, como mostra a Figura 5.6.

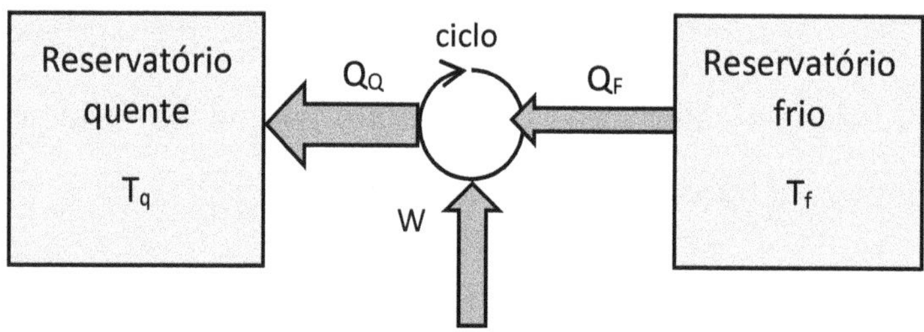

Fig.5.6 – O refrigerador é um motor térmico funcionando ao contrário.

Para o refrigerador a Segunda Lei da Termodinâmica, na *versão de Clausius*, passa a ser: "*É impossível transferir calor espontaneamente de um reservatório frio para o quente*". Em outras palavras, essa transferência só é possível se for induzida, isto é, se for aplicada energia fornecida por uma fonte externa. Nos refrigeradores domésticos essa energia provém da rede elétrica, e na representação da Figura 5.6 é representada por W.

Para um refrigerador, define-se o *coeficiente de desempenho* como sendo:

$$CD = \frac{|Q_F|}{W} \qquad \text{Eq.3.6}$$

Por esta fórmula deduz-se que, quanto mais calor é extraído da fonte fria e com um menor trabalho, maior será seu coeficiente de desempenho.

Repare que, tanto para o motor a combustão como para o refrigerador, vale a relação $W = |Q_Q| - |Q_F|$.

Ciclos térmicos reais

Como o trabalho líquido num ciclo térmico é numericamente igual à área do ciclo no gráfico PV, conclui-se que rotas diferentes resultam em trabalhos diferentes e, consequentemente, rendimentos diferentes. Na esperança de se obter o melhor rendimento a um menor custo, alguns ciclos térmicos reais foram propostos.

Um exemplo é o *ciclo Diesel*, proposto por Rudolf Diesel (1858 – 1913), também chamado de motor de ignição por compressão, pois a queima do combustível ocorre pelo aquecimento por compressão e sem a necessidade de uma vela de ignição.

A Figura 6.6 mostra um gráfico PV deste ciclo.

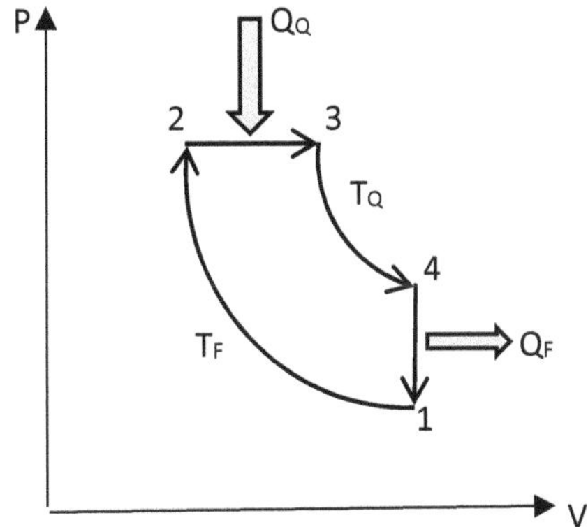

Figura 6.6 – Diagrama PV correspondente ao ciclo Diesel.

Observando a Figura 6.6, verifica-se de 1 a 2 uma compressão isotérmica à temperatura T_F, seguida de uma expansão isobárica de 2 a 3, quando calor Q_Q é fornecido pelo reservatório quente. Depois, de 3 a 4, ocorre uma descompressão isotérmica à uma temperatura T_Q, seguida por uma descompressão isocórica entre 4 e 1, quando calor Q_F é descarregado para o reservatório frio, fechando o ciclo.

Outro exemplo prático é o *ciclo Otto*[24], comumente aplicado em motores de automóvel à combustão. Dois processos adiabáticos com realização de trabalho se alternam com dois processos isocóricos, como mostra o diagrama da Figura 7.6:

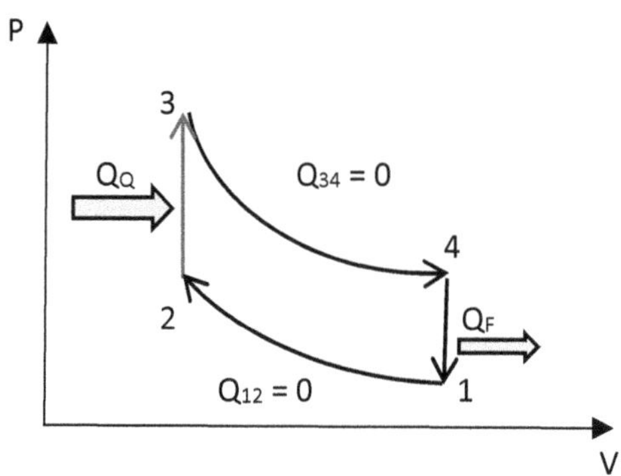

Fig.7.6 – Diagrama pressão-volume num ciclo Otto.

Rendimento máximo

Um ciclo térmico é considerado *reversível* quando nele não ocorrem perdas dissipativas de energia durante seu desdobramento, e isto significa que tanto as condições internas da máquina como de sua vizinhança não sofrem alterações após o ciclo se completar. Sabemos que isso é impossível, visto que *irreversibilidades* sempre estarão presentes, principalmente em razão do atrito e impacto mecânico inevitáveis entre o fluido de trabalho e os componentes que constituem a máquina. Essa energia dissipada não é reconvertida em energia mecânica. Outra irreversibilidade se verifica na troca de calor entre um reservatório frio com outro quente, conforme a versão de Clausius da Segunda Lei: o calor transferido para uma fonte fria não retorna espontaneamente à fonte quente.

Foi o engenheiro francês Sadi Carnot (1796 – 1832) quem primeiro imaginou uma máquina térmica desprovida de irreversibilidades, ao se basear justamente na eliminação dos fatores que lhes provocam. À saber:

1°) *a passagem de calor deve ocorrer entre duas fontes à mesma temperatura* (transformação isotérmica)

[24] Nikolaus Otto (1832 – 1891)

2°) *a mudança de temperatura do fluido de trabalho da fonte quente para a fonte fria deve ocorrer sem dissipação de calor* (transformação adiabática)

3°) *o ciclo sempre se apresenta num estado de equilíbrio termodinâmico ou infinitamente próximo dele* (estado *quase-estático*).

Na primeira condição e não havendo diferença de temperatura durante a troca de calor, não há um sentido preferencial para o calor transitar, de modo que um sentido pode ser invertido. Na segunda condição o sentido do processo também poderia ser invertido, visto que não há transição de calor irrecuperável. A terceira condição implica que as mudanças de propriedades do fluido ocorreriam de uma forma tão gradual que, em cada instante, todo o sistema se manteria em equilíbrio, isto é, não sujeito a alterações espontâneas.

Para atender estas três condições, Carnot propôs seu famoso *Ciclo de Carnot*:

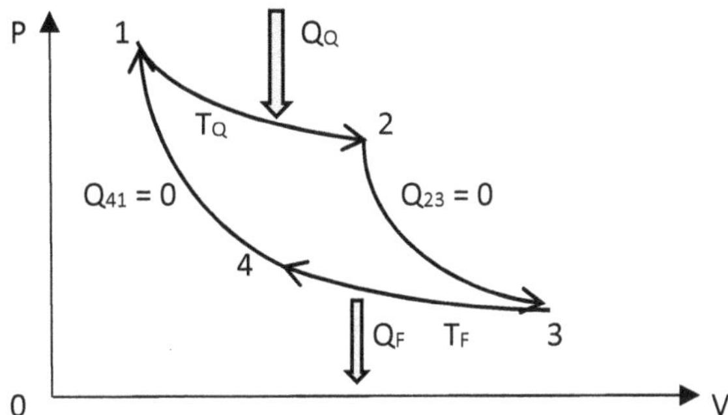

Fig.8.6 – Diagrama pressão–volume num ciclo Carnot.

De 1 para 2 a cessão de calor do reservatório quente para o fluido de trabalho ocorre à uma temperatura constante T_Q, sendo seguida, de 2 para 3, de uma transformação adiabática. Nestes dois trechos ocorre expansão volumétrica. No retorno ocorre apenas redução volumétrica, primeiramente de 3 para 4, onde a rejeição de calor é novamente isotérmica e à uma temperatura T_F, enquanto, de 4 para 1, uma nova etapa adiabática completa o ciclo.

Um dispositivo que opera de acordo com este ciclo é chamado de *máquina de Carnot*, de validade puramente teórica, mas que estabelece um *limite máximo* para rendimento de máquinas térmicas. De fato, nenhuma outra é capaz de apresentar um rendimento maior.

Com base em seu ciclo, o próprio Carnot estabeleceu dois princípios, também chamados de *Corolários de Carnot*:

1°) *A eficiência térmica de um ciclo reversível é sempre maior que a eficiência térmica de um ciclo irreversível, quando ambos operam entre os mesmos reservatórios térmicos*

2°) *Todos os ciclos reversíveis operando entre os mesmos reservatórios apresentam a mesma eficiência térmica, não importando a substância de trabalho*

Conclusão: *a eficiência de uma máquina de Carnot depende unicamente das temperaturas de seus reservatórios térmicos.*

Baseado nesta conclusão, o próprio Kelvin propôs uma relação entre as temperaturas dos reservatórios com as quantidades de calor (em módulo) trocadas numa máquina de Carnot:

$$\frac{|Q_Q|}{|Q_F|} = \frac{T_Q}{T_F} \qquad \text{Eq.4.6}$$

com as temperaturas medidas em Kelvin ou Rankine.

Assim e aplicando a Equação 2.6, o rendimento de Carnot pode ser determinado pela equação:

$$r = 1 - \frac{T_F}{T_Q} \qquad \text{Eq.5.6}$$

Desta fórmula se deduz que, quanto maior a diferença entre as temperaturas dos reservatórios numa máquina de Carnot, maior será seu rendimento, embora jamais atinja 100%, pois, para isso, a temperatura do reservatório frio teria de ser o zero absoluto ou a temperatura do reservatório quente tender ao infinito.

EXERCÍCIOS MODELOS

1) Determine o trabalho e o rendimento de uma máquina térmica que recebe 50 kJ da fonte quente e rejeita 30 kJ para a fonte fria.

Resolução

Para o cálculo do trabalho líquido, aplica-se a Equação 1.6:

$$W = Q_Q - Q_F = 50 - 30 \rightarrow W = 20 \text{ kJ}$$

Para o cálculo do rendimento, aplica-se a Equação 2.6:

$$r = \frac{20}{50} = 0{,}4 \rightarrow r_{\%} = 40\%$$

2) A um refrigerador se fornece 500 J para retirar 400 J do reservatório frio. Determine:

a) a quantidade de calor descarregada no reservatório quente

b) o coeficiente de desempenho

Resolução

a) Pela Equação 1.6:

$$Q_Q = W + Q_F = 500 + 400 \rightarrow Q_Q = 900J$$

b) Pela Equação 3.6:

$$CD = \frac{Q_F}{W} = \frac{400}{500} \rightarrow CD = 0{,}8$$

3) Considere o ciclo representado pelo gráfico pressão-volume, executado por 50 mols de um gás ideal:

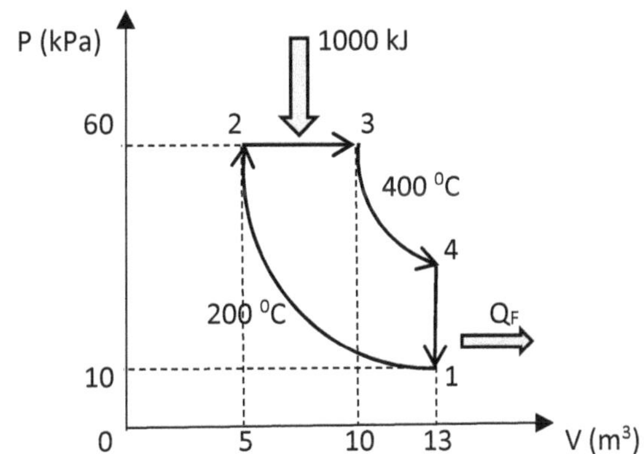

Determine:

a) o trabalho realizado em cada etapa

b) o trabalho líquido

c) a quantidade de calor rejeitada na fonte fria

d) o rendimento do ciclo

e) o máximo rendimento teórico deste ciclo

Resolução

a) De 1 a 2 a transformação é isotérmica e com temperatura igual a 200 °C = 473 K, e pela Equação 12.4:

$$W_{12} = nRTln\left(\frac{V_f}{V_i}\right) = 50 \times 8{,}314 \times 473 \times \ln\left(\frac{5}{13}\right)$$

$$W_{12} = -187{,}88\ kJ$$

De 2 a 3 a transformação é isobárica com pressão 60 kPa, e aplicando a Equação 11.4:

$$W_{23} = P\Delta V = 60 \times (10 - 5) \rightarrow W_{23} = 300\ kJ$$

De 3 a 4 a transformação é novamente isotérmica com temperatura 673 K:

$$W_{34} = 50 \times 8{,}314 \times 673 \times \ln\left(\frac{13}{10}\right)$$

$$W_{34} = 73{,}4\ kJ$$

De 4 a 1 a transformação é isocórica, logo: $W_{41} = 0$

b) O trabalho líquido se obtém com a soma de todos os trabalhos obtidos em cada etapa:

$$W_{liq} = W_{12} + W_{23} + W_{34} + W_{41}$$

$$W_{liq} = -187{,}88 + 300 + 73{,}4 + 0 \rightarrow W_{liq} = 185{,}52\ kJ$$

c) Aplicando-se a Equação 1.6:

$$W = Q_Q - Q_F \rightarrow Q_F = Q_Q - W = 1000 - 185{,}52$$

$$Q_F = 814{,}48\ kJ$$

d) Aplicando a Equação 2.6:

$$r = \frac{185{,}52}{1000} = 0{,}18552 \equiv 18{,}552\%$$

e) Para se obter o máximo rendimento teórico entre estas duas fontes, aplica-se a Equação 5.6:

$$r_{máx} = 1 - \frac{473}{673} \cong 0{,}2972 \equiv 29{,}72\%$$

EXERCÍCIOS PROPOSTOS

1) Determine o rendimento de máquinas térmicas nos seguintes casos:

a) $Q_Q = 10$ kJ e $Q_F = 6$ kJ b) $Q_Q = 50$ kJ e $W = 40$ kJ c) $Q_F = 20$ kcal e $W = 15$ kcal

2) Numa máquina térmica o calor fornecido ao ciclo é igual a 50 kJ. Determine o trabalho realizado e a quantidade de calor rejeitada na fonte fria, sabendo que o rendimento desta máquina é de 40%.

3) Numa máquina térmica sabe-se que a quantidade de calor rejeitada para a fonte fria é de 80 kcal. Determine o trabalho realizado e o calor fornecido pela fonte quente, sabendo que o rendimento desta máquina é de 50%.

4) Numa máquina térmica o trabalho aproveitado é de 100 kJ. Determine a quantidade de calor trocada com a fonte fria e com a fonte quente, sabendo que o rendimento desta máquina é igual a 0,4.

5) A um refrigerador são fornecidos 100 kJ, constatando-se que seu reservatório quente descarrega 220 kJ. Determine:

a) a quantidade de calor retirada de seu reservatório frio

b) o coeficiente de desempenho deste refrigerador

6) Um refrigerador com coeficiente de desempenho 0,9, descarrega 5 kcal em seu reservatório quente. Determine o calor que retira do reservatório frio e a energia que recebe de uma fonte externa.

7) Entre dois reservatórios térmicos, estando um a 27 °C e outro a 527 °C, uma máquina opera com 200 mols de gás ideal e realizando um ciclo Diesel, como mostra a figura:

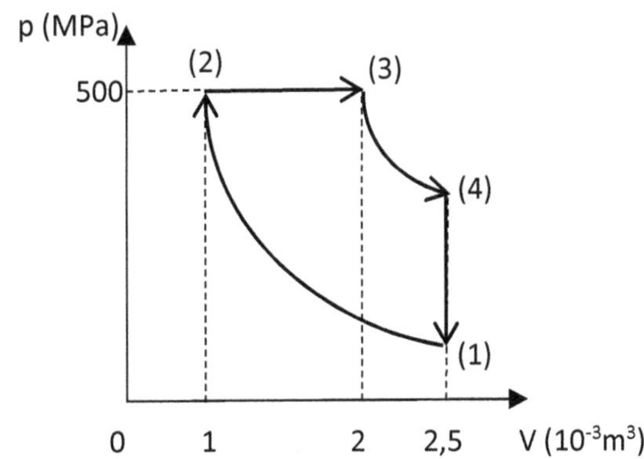

Determine:

a) o trabalho em cada etapa

b) o trabalho líquido total

c) o calor rejeitado na fonte fria, considerando que a fonte quente fornece 500 kcal por ciclo

d) o rendimento da máquina e) o rendimento máximo teórico

8) Um engenheiro A declarou ter construído uma máquina térmica que, entre dois reservatórios, um estando a 0 ^{0}C e outro a 300 °C, obteve um rendimento de 45%, enquanto um engenheiro B alegou que, com estas mesmas temperaturas, atingiu um rendimento de 62%. Julgue cada um como possível ou não.

9) Uma máquina de Carnot opera entre dois reservatórios térmicos, um estando à 27 °C e outro a 327 ° C.

Determine:

a) o rendimento desta máquina

b) o calor rejeitado na fonte fria, sabendo que a fonte quente fornece 30 kJ

10) Uma máquina de Carnot opera entre dois reservatórios térmicos, um a 900 °R e outro a 100 °R. Determine:

a) o rendimento desta máquina

b) o trabalho útil realizado, sabendo que a fonte quente fornece 54 kJ por ciclo

11) A figura mostra um diagrama pressão versus volume de um ciclo Carnot.

Determine:

a) o rendimento

b) o calor descarregado no reservatório frio

c) o trabalho útil

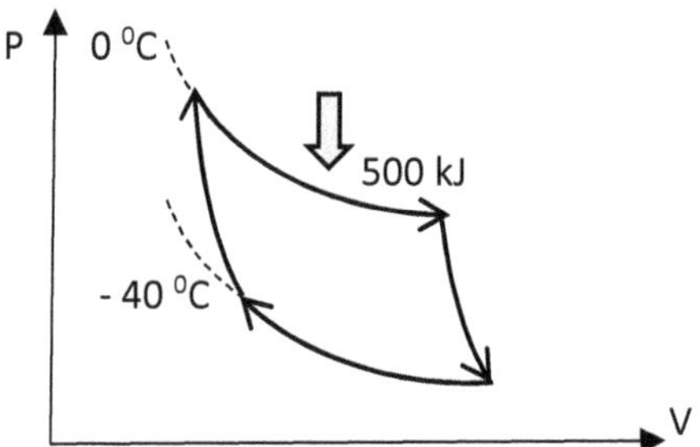

12) Uma máquina térmica com rendimento 62% está associada com um refrigerador com coeficiente de desempenho 2,5, estando ambos desprovidos de irreversibilidades, como mostra a figura:

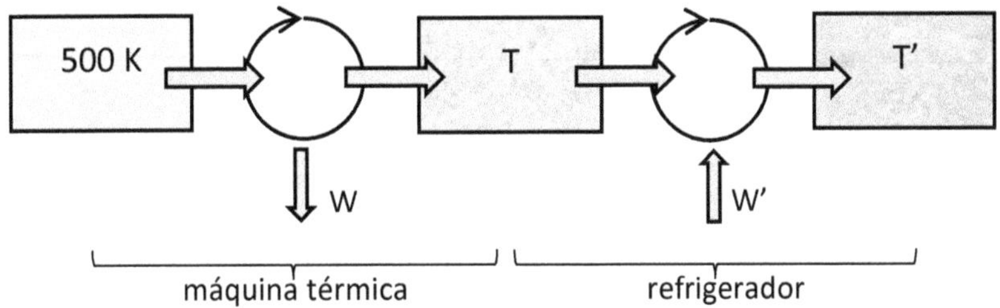

Considera-se que todo o calor rejeitado na máquina térmica é disponibilizado para o refrigerador em seu reservatório frio. Sabendo que a fonte quente da máquina térmica fornece 200 kJ por ciclo, determine:

a) as temperaturas T e T'   b) os trabalhos W e W'

13) A figura mostra três reservatórios térmicos, um com 500 K e outro com 100 K, havendo um de 250 K entre eles. Dois processos são considerados para se transferir calor e realizar trabalho. Em I o calor é transferido através de duas máquinas de Carnot associadas, enquanto em II o calor é transferido através de uma única máquina de Carnot.

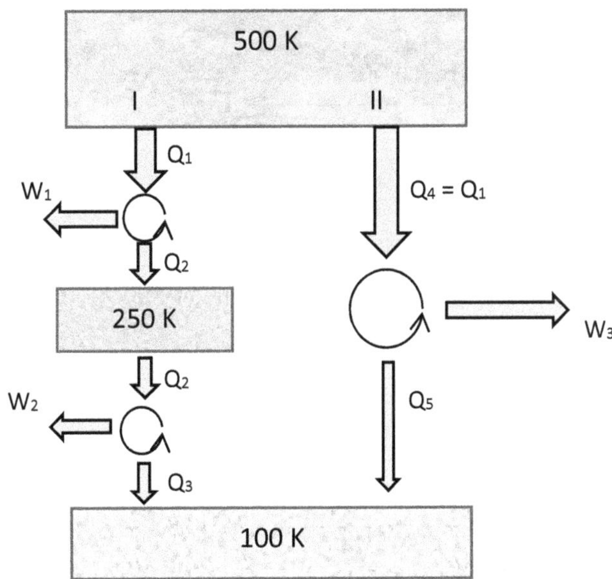

Sendo o calor fornecido pela fonte quente igual a 100 kJ por ciclo tanto para I como para II, determine os valores de W_1, W_2 e W_3.

14) É dado o gráfico PV de um ciclo Rankine contendo 10 mols de um gás ideal:

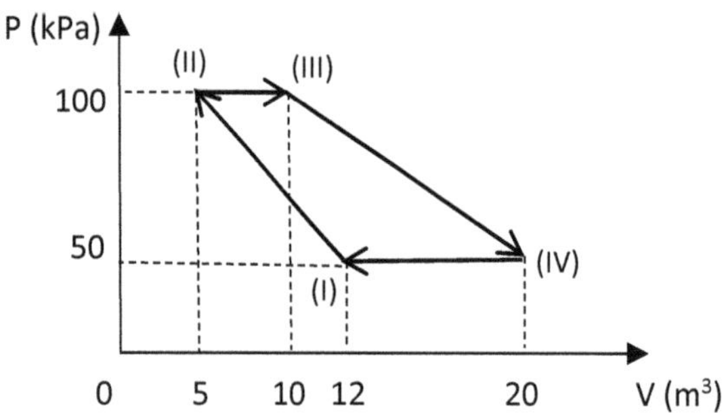

As etapas (I) para (II) e (III) para (IV) são adiabáticas,

Determine:

a) o trabalho líquido do ciclo

b) as quantidades de calor trocadas na fonte quente e na fonte fria

c) o rendimento do ciclo

15) É dado o gráfico PV de um ciclo Stirling contendo 10 mols de um gás ideal:

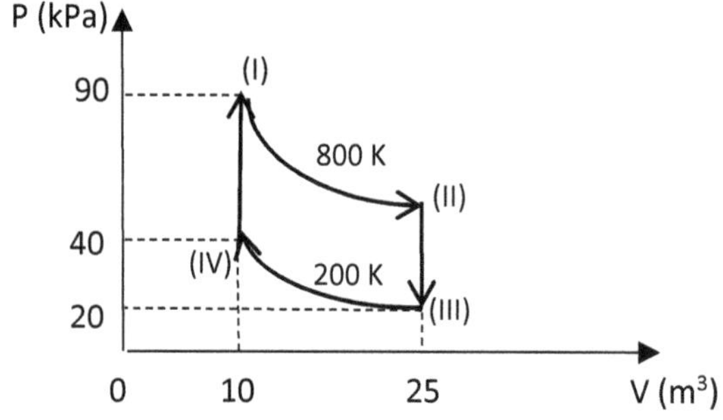

Sabendo que as etapas (I) para (II) e (III) para (IV) são isotérmicas e realizadas à temperaturas de 800 K e 200 K, respectivamente, determine:

a) o trabalho líquido

b) o calor trocado na fonte quente e na fonte fria

c) o rendimento

CAPÍTULO 7

ENTROPIA

- SENTIDO ÚNICO
- PROPRIEDADES DE ESTADO
- A DESIGUALDADE DE CLAUSIUS
- UMA MEDIDA DO SENTIDO ÚNICO
- CASOS PARTICULARES

Sentido único

Não existe muita dificuldade para se reconhecer alguns processos, naturais ou não, que podem ser revertidos espontaneamente, enquanto outros não. Não havendo forças dissipativas, um pêndulo simples retorna à posição inicial uma vez liberado, assim como uma mola oscilando.

Existem, porém, processos irreversíveis, pelo menos espontaneamente. É o caso da troca de calor entre dois objetos à temperaturas diferentes. Após um certo tempo eles atingirão o equilíbrio térmico, cessando a troca de calor, e não tem como essa troca ser revertida espontaneamente, de modo a restituir a temperatura original para ambos. Outro caso irreversível se vê numa mistura de gases de composições químicas diferentes e inicialmente separados. Uma vez misturados, eles não se separam mais espontaneamente.

Citamos dois exemplos de processos físicos, mas processos químicos também servem de exemplos. Algumas reações são naturalmente irreversíveis, como a madeira se transformando em carvão numa combustão, ou a neutralização de um ácido com uma base. Vemos exemplos também em processos biológicos: uma célula viva sempre envelhece, de modo que não podemos (e não devemos) acreditar numa fonte da juventude.

É interessante observar que, em nenhum destes processos, uma eventual reversão, mesmo fictícia, *não viola o Princípio da Conservação da Energia*, de modo que temos que admitir um outro fator que obriga a estes fenômenos ocorrerem num *sentido único.*

É para se resolver esse problema que se definiu uma nova grandeza termodinâmica.

Propriedades de estado

Uma grandeza física é chamada de *propriedade de estado*, *função de estado* ou simplesmente *propriedade*, quando sua medida num determinado momento *não depende de seus valores em outros momentos ou situações, assim como não depende da forma como se chegou a esse valor*. A temperatura de um gás, por exemplo, é uma propriedade intrínseca do gás, pois seu valor não depende do histórico desse gás e nem da forma experimental que permitiu sua medição. Em contraposição, a cor de um objeto não é uma propriedade, pois ela pode mudar quando se muda a iluminação do ambiente.

As propriedades podem ser *extensivas* ou *inextensivas*. As extensivas são aquelas que estão diretamente relacionadas ao tamanho do objeto ou do sistema onde se medem estas propriedades. A massa, o peso e o volume são exemplos de propriedades extensivas, enquanto a temperatura, a pressão e a densidade são exemplos de propriedades inextensivas.

Tentando esclarecer essa questão, imaginemos um recipiente contendo um litro de ar. Se considerarmos um volume menor dentro desse recipiente, a massa e o volume de ar nele contido certamente serão menores do que a massa e o volume do ar contido em todo o recipiente, enquanto a temperatura, a pressão e a densidade continuarão as mesmas, como ilustra a Figura 1.7:

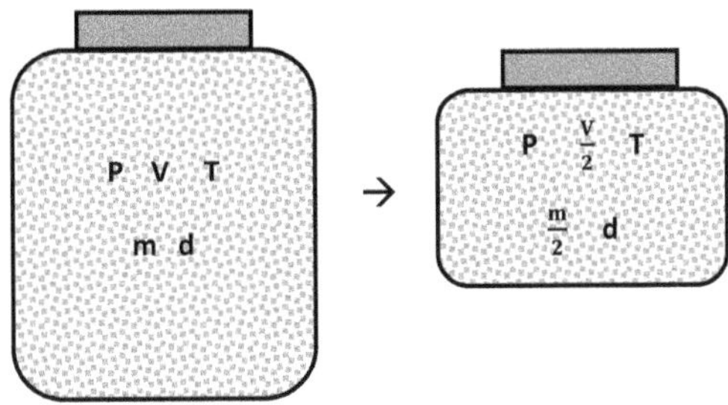

Fig.1.7 – Considerando metade do recipiente contendo um gás, as propriedades extensivas, como massa e volume, se reduzem à metade, enquanto as propriedades inextensivas, como a pressão, temperatura e densidade absoluta, continuam as mesmas.

Nas propriedades extensivas, portanto, o valor total é a soma dos valores assumidos em cada parte do sistema.

Quando uma grandeza física é uma propriedade, sua medição em dois instantes diferentes permite medir sua variação como sendo simplesmente igual à *diferença entre o valor final com o inicial*. Assim, a mudança de valores de uma determinada propriedade P entre um instante t_1 e um instante posterior t_2, é $\Delta P = P_2 - P_1$, não importando o que ocorreu entre estes dois instantes. Por exemplo, para uma temperatura T de um objeto variando de 20 °C até 50 °C, a variação é $\Delta T = 50 - 20 = 30$ °C.

Um caso contrário se verifica quando a diferença de valores de uma grandeza não coincide com a diferença entre seus valores final e inicial. É o que ocorre, por exemplo, com o trabalho de uma força dissipativa, como o atrito. Para calcular o trabalho exercido pelo atrito sobre um objeto que se arrasta entre dois pontos sobre uma superfície áspera, o caminho escolhido entre estes dois pontos não pode ser desconsiderado, pois, num percurso maior, o trabalho do atrito será maior. Logo, o trabalho do atrito não é uma propriedade do sistema.

A Figura 2.7 representa essa distinção:

$$\Delta P_{AB} = P_B - P_A$$
$$\Delta P_{BA} = P_A - P_B$$
$$\Delta P_{AB} + \Delta P_{BA} = 0$$

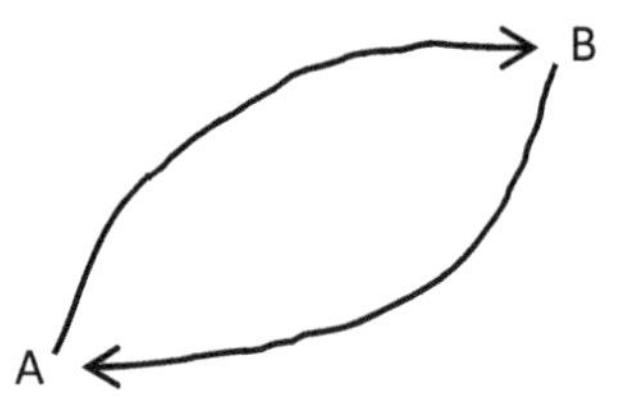

$$W_{at_{AB}} + W_{at_{BA}} \neq 0$$

Fig.2.7 – A variação de uma propriedade P não depende do percurso ou dos eventos ocorridos entre dois pontos distintos. Ao contrário, o trabalho do atrito W_{at} depende da trajetória, logo, não é uma propriedade.

Na forma diferencial a diferença de uma propriedade é simbolizada por dP, enquanto para uma grandeza G que não é uma propriedade a notação usual é δG. Portanto, na forma integral:

$$\int_a^b dP = P_b - P_a \quad \text{e} \quad \int_a^b \delta G \neq G_b - G_a$$

A desigualdade de Clausius

Numa máquina térmica, a quantidade de calor líquida resulta da diferença entre o calor fornecido pela fonte quente com o calor rejeitado na fonte fria:

$$\oint \delta Q = Q_Q - Q_F \qquad \text{Eq.1.7}$$

O círculo no símbolo da integral deve-se ao fato de que a troca de calor ocorre dentro de um processo cíclico[25].

Dividindo as quantidades de calor pelas respectivas temperaturas dos respectivos reservatórios e aplicando na Equação 1.7, tem-se:

$$\oint \frac{\delta Q}{T} = \frac{Q_Q}{T_Q} - \frac{Q_F}{T_F} \qquad \text{Eq.2.7}$$

[25] Da Equação 2.5 da Primeira Lei da Termodinâmica, a quantidade de calor advém da soma entre o trabalho realizado e a variação da energia interna. Como o trabalho não é propriedade, o calor também não é, daí a utilização do símbolo δQ ao invés de dQ.

Pela Equação 4.6 específica para ciclos reversíveis (Carnot), deduz-se que $\oint \frac{\delta Q}{T} = 0$, pois $\frac{Q_Q}{T_Q} = \frac{Q_F}{T_F}$. Para ciclos irreversíveis, porém, a quantidade de calor rejeitada na fonte fria Q'_F é maior do que Q_F, logo, $\frac{Q_Q}{T_Q} - \frac{Q'_F}{T_F} < 0$.

Deduz-se assim a *desigualdade de Clausius*:

$$\oint \frac{\delta Q}{T} \leq 0 \qquad \text{Eq.3.7}$$

com a temperatura T devendo estar em Kelvin ou Rankine.

A igualdade se aplica a ciclos reversíveis, enquanto a desigualdade se aplica a ciclos irreversíveis.

Uma medida do sentido único

O Princípio da Conservação da Energia afirma que, num sistema isolado, a energia total se conserva, sendo a mesma, portanto, no início e no fim de um processo que ocorre dentro desse sistema, assim como em qualquer instante intermediário. O fator energia, portanto, não esclarece o sentido de um processo irreversível. Para se explicar o sentido único, convém então se definir uma outra grandeza e que, sendo diferente entre dois estados, permita definir um sentido natural do processo. Em outras palavras, uma grandeza que pode não se conservar (e normalmente não se conserva) num sistema isolado, de modo que sua diferença define o sentido único.

Consideremos agora dois ciclos reversíveis num gráfico PV:

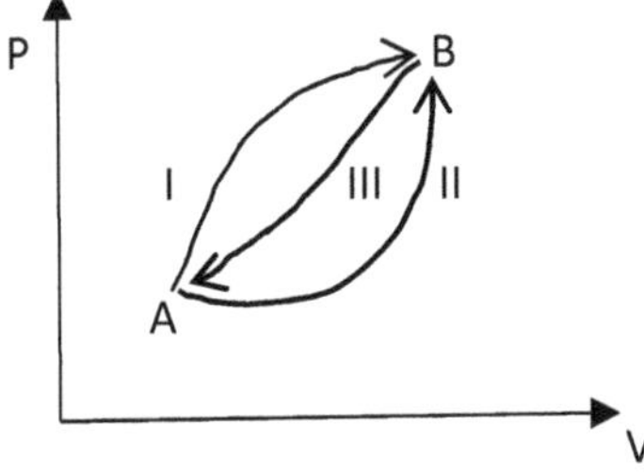

Fig.3.7 – Dois ciclos reversíveis entre A e B: pelas rotas I e III e pelas rotas II e III.

Aplicando a desigualdade de Clausius para os dois ciclos reversíveis:

$$\oint \frac{\delta Q}{T} = \int_A^B \left(\frac{\delta Q}{T}\right)_I + \int_B^A \left(\frac{\delta Q}{T}\right)_{III} = 0$$

$$\oint \frac{\delta Q}{T} = \int_A^B \left(\frac{\delta Q}{T}\right)_{II} + \int_B^A \left(\frac{\delta Q}{T}\right)_{III} = 0$$

Subtraindo a primeira equação pela segunda, chega-se a

$$\oint_A^B \left(\frac{\delta Q}{T}\right)_I - \oint_A^B \left(\frac{\delta Q}{T}\right)_{II} = 0 \rightarrow \oint_A^B \left(\frac{\delta Q}{T}\right)_I = \oint_A^B \left(\frac{\delta Q}{T}\right)_{II}$$

Deduz-se então que esta integral cíclica não depende da trajetória entre os pontos A e B, de modo que podemos associar a cada ponto uma propriedade chamada de *entropia*, representada pela letra S, enquanto a *variação de entropia* ΔS é assim definida, seja na forma diferencial como de integral cíclica:

$$dS = \left(\frac{\delta Q}{T}\right)_{rev} \rightarrow \Delta S = \oint \left(\frac{\delta Q}{T}\right)_{rev} \qquad \text{Eq.4.7}$$

Portanto, no Sistema Internacional de Unidades a entropia é medida em $\frac{J}{K}$.

Vejamos agora, e novamente entre os pontos A e B da Figura 3.7, a presença de um ciclo irreversível:

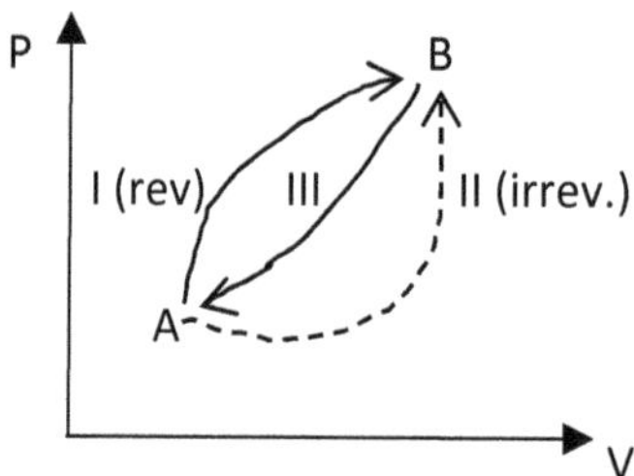

Fig.4.7 – Entre A e B um ciclo reversível pelas rotas I e III e um ciclo irreversível por II e III.

Aplicando a desigualdade de Clausius para ambas as rotas:

$$\oint \frac{\delta Q}{T} = \int_A^B \left(\frac{\delta Q}{T}\right)_I + \int_B^A \left(\frac{\delta Q}{T}\right)_{III} = 0 \rightarrow \int_A^B \left(\frac{\delta Q}{T}\right)_{III} = -\int_A^B \left(\frac{\delta Q}{T}\right)_I$$

$$\oint \frac{\delta Q}{T} = \int_A^B \left(\frac{\delta Q}{T}\right)_{II} + \int_B^A \left(\frac{\delta Q}{T}\right)_{III} < 0$$

Aplicando a primeira na segunda:

$$\int_A^B \left(\frac{\delta Q}{T}\right)_{II} - \int_A^B \left(\frac{\delta Q}{T}\right)_{I} < 0 \rightarrow \int_A^B \left(\frac{\delta Q}{T}\right)_{II} < \int_A^B \left(\frac{\delta Q}{T}\right)_{I}$$

$$\int_A^B \left(\frac{\delta Q}{T}\right)_{II} < \Delta S_I = \Delta S_{II}$$

Repare que, por ser a entropia uma propriedade, podemos estabelecer a igualdade $\Delta S_I = \Delta S_{II}$, pois essa variação não depende da rota. Logo, conclui-se que:

$$\int_A^B \left(\frac{\delta Q}{T}\right)_{II} < \Delta S_{II} \qquad \text{Eq.5.7}$$

Para um processo irreversível, portanto, a igualdade na Equação 5.7 só pode ser estabelecida se acrescentarmos um valor no lado esquerdo e que, a partir deste momento, representaremos pela letra σ:

$$\int_A^B \left(\frac{\delta Q}{T}\right)_{irrev.} + \sigma = \Delta S_{II} \qquad \text{Eq.6.7}$$

Isso significa que, em processos irreversíveis, ocorre uma *geração de entropia* σ, também medida em J/K no SIU.

As considerações apresentadas nos permitem deduzir que, seja qual for o fenômeno que ocorre num determinado sistema isolado e que garanta a conservação da energia total, a *entropia total de um sistema isolado nunca diminui*. É desta forma também que se pode enunciar a Segunda Lei da Termodinâmica e que permite explicar o sentido único dos processos. O que acontece é o seguinte: *em processos reversíveis não há variação de entropia, enquanto a entropia aumenta para processos irreversíveis.*

A Equação 7.7 resume esta lei:

$$dS_{sist.\ isol.} \geq \frac{\delta Q}{T} \qquad \text{Eq.7.7}$$

com a temperatura T em Kelvin ou Rankine.

O sentido único pode então ser associado com a entropia em termos probabilísticos e da seguinte forma:

Uma outra maneira de encarar o aumento da entropia está relacionada com o grau de ordem em que um determinado estado apresenta:

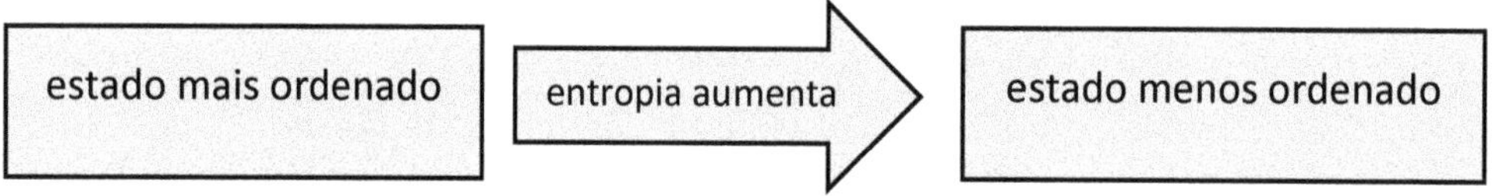

A oxidação do ferro é um exemplo deste aumento da desordem acompanhando o aumento da entropia.

Casos particulares

Como não existe (ainda) um 'entropirômetro', uma forma para se medir a variação de entropia entre dois estados termodinâmicos é imaginar um processo substitutivo do real e que admite uma fórmula para medi-la. Felizmente isso existe e pode ser considerado como segue adiante.

a) Variação de entropia para um gás ideal

Considere dois estados termodinâmicos distintos num gás ideal isolado, digamos inicial i e final f, de modo que o gás passa espontaneamente de i para f. Digamos que essa passagem ocorreu porque os dois estados apresentam diferentes entropias, embora o mesmo conteúdo energético. Um êmbolo móvel permite a expansão do gás.

Aplicando as equações 10.4 e 24.4 na equação diferencial da Primeira Lei da Termodinâmica, tem-se:

$$dQ = dW + dU \rightarrow dQ = pdV + \frac{3}{2}nRdT$$

Dividindo tudo por T (em Kelvin ou Rankine), aplicando a equação de Clapeyron no lugar da pressão p e integrando em seguida:

$$\int_i^f \frac{dQ}{T} = \int_{V_f}^{V_i} \frac{nRT}{VT} dV + \int_i^f \frac{3}{2}nR\frac{dT}{T} \rightarrow \int_i^f \frac{dQ}{T} = nR\int_i^f \frac{dV}{V} + \frac{3}{2}nR\int_i^f \frac{dT}{T}$$

$$\int_i^f \frac{dQ}{T} = \Delta S = nR\ln\left(\frac{V_f}{V_i}\right) + \frac{3}{2}nR\ln\left(\frac{T_f}{T_i}\right) \qquad \text{Eq.8.7}$$

Repare que o resultado do segundo membro só depende dos parâmetros inicial e final do volume e da temperatura, duas propriedades, de modo que o primeiro membro também só depende dos estados final e inicial.

Convém lembrar que, entre estes dois estados termodinâmicos, qualquer outro processo de transformação conduziria à mesma variação de entropia, de modo que a Equação 8.7 tem validade geral para gases ideais.

b) Transferência de calor entre dois corpos

A transferência de calor de um corpo quente para um frio num sistema isolado é um processo irreversível, logo o sentido único aponta para um aumento de entropia. De fato, durante a transferência de calor do corpo quente ao frio, a temperatura T_q do primeiro vai diminuindo, enquanto a temperatura T_f do segundo vai aumentando. A quantidade de calor é a mesma para os dois corpos em módulo, mas com sinais contrários, sendo positiva para o corpo frio e negativa para o quente. Aplicando, então, a definição da variação de entropia neste processo:

$$\Delta S = \int \frac{\delta Q}{T_f} - \int \frac{\delta Q}{T_q} \qquad \text{Eq.9.7}$$

Como até o equilíbrio térmico $T_q > T_f$, $\Delta S > 0$.

Para o caso de fontes que mantém temperatura constante:

$$\Delta S = \frac{1}{T_f}\int \delta Q - \frac{1}{T_q}\int \delta Q = \frac{Q}{T_f} - \frac{Q}{T_q} > 0$$

c) Calor sensível

Quando um material de massa m tem sua temperatura alterada, o calor é do tipo sensível, dado pela Equação 5.1: $Q = mc\Delta T$. Aplicando esta equação na definição de variação de entropia e considerando calor específico c constante:

$$dS = \frac{dQ}{T} \rightarrow \Delta S = mc\int_{T_i}^{T_f} \frac{dT}{T} \rightarrow \Delta S = mc\ln\left(\frac{T_f}{T_i}\right) \qquad \text{Eq.10.7}$$

Repare que, se a temperatura final for menor que a inicial, a variação de entropia é negativa. Nada de absurdo, visto que o material em questão não constitui sistema isolado.

EXERCÍCIOS MODELOS

1) Estabeleça uma relação matemática entre a desigualdade de Clausius com uma máquina térmica de reservatório único.

Resolução

De acordo com a versão de Kelvin-Planck da Segunda Lei da Termodinâmica, não é possível obter trabalho positivo num ciclo térmico a partir de um único reservatório, ou seja, o trabalho obtido só pode ser nulo quando as condições forem ideais, ou negativo quando as condições forem reais: $W \leq 0$. Como todo esse trabalho é fornecido pela fonte quente: $Q_Q = W$, pois $Q_F = 0$. Considerando que a temperatura T_Q, em Kelvin ou Rankine, é sempre positiva:

$$\oint \frac{\delta Q_Q}{T_Q} = \oint \frac{\delta W}{T_Q} \leq 0$$

confirmando a Desigualdade de Clausius.

2) Considere um recipiente isolado de volume V contendo n mols de um gás ideal ocupando inicialmente um volume V_i, estando o volume restante evacuado e com os dois volumes separados por um anteparo impermeável S, como mostra a figura antes e depois do anteparo ser removido:

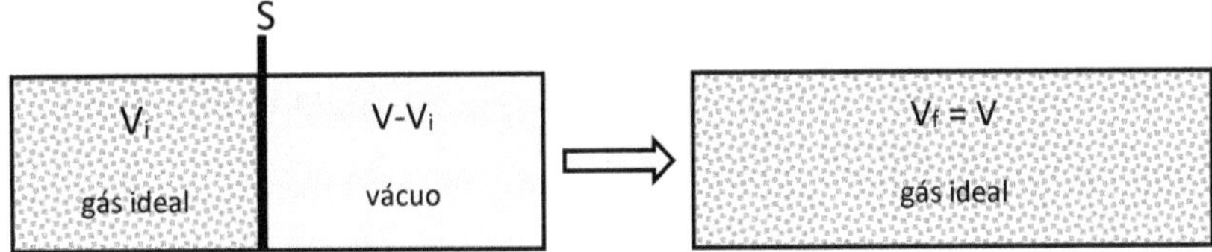

Determine a variação de entropia.

Resolução

É evidente que, após o anteparo ser removido, o gás ocupa todo o volume V, além de ser um processo irreversível. Na expansão livre, como o próprio nome diz, não há realização de trabalho, uma vez que o gás não sofreu nenhuma resistência durante a expansão, ao passo que, por ser um recipiente isolado, a energia interna total se manteve inalterável. Pela Primeira Lei da Termodinâmica, a quantidade de calor trocada então seria nula, de modo que somos tentados a inferir precipitadamente que a variação de entropia também é. Ocorre que, *sendo um processo irreversível, deve haver geração de entropia σ*, e ela pode ser obtida recorrendo-se à Equação 8.7 para um gás ideal:

$$\Delta S = nR\ln\left(\frac{V_f}{V_i}\right) + \frac{3}{2}nR\ln\left(\frac{T_f}{T_i}\right)$$

Como a energia interna e a quantidade de gás não mudam durante a expansão livre, a temperatura do gás não sofre mudança, de modo que o logaritmo do quociente das temperaturas final e inicial é nulo. Logo:

$$\Delta S = nR\ln\left(\frac{V_f}{V_i}\right)$$

Sendo o volume final sempre maior do que o inicial numa expansão livre, esta variação de entropia resulta positiva.

Pela Equação 6.7:

$$\int_A^B \left(\frac{\delta Q}{T}\right)_{irrev.} + \sigma = \Delta S$$

Como não houve troca de calor na expansão livre, a integral é nula, de modo que a geração de entropia σ é dada por:

$$\sigma = \Delta S = nR\ln\left(\frac{V_f}{V_i}\right)$$

Recorrendo à ideia de probabilidade, o aumento de entropia neste caso apontou para um estado de menor para o de maior probabilidade.

3) Determine a variação de entropia durante a fusão de 100 gramas de gelo à pressão normal.

<u>Resolução</u>

Pela Equação 6.1 de calor latente, $Q = mL_f$, de modo que, sendo a temperatura constante durante a fusão:

$$\Delta S = \int \frac{\delta Q}{T} = \frac{L_f}{T}\int dm = \frac{mL_f}{T}$$

Considerando calor latente de fusão do gelo 80 cal/g e a temperatura de fusão do gelo à pressão normal igual a 0 ^{0}C ou 273 K:

$$\Delta S = \frac{100 \times 80}{273} \cong 29{,}3\,\frac{cal}{K}$$

4) Determine a variação de entropia num ciclo completo de Carnot.

<u>Resolução</u>

Sendo um processo teoricamente reversível, a variação de entropia no ciclo de Carnot é nula. Para confirmar:

$$\Delta S = \oint \frac{\delta Q}{T} = \int \frac{Q_F}{T_F} - \int \frac{Q_Q}{T_Q} = 0$$

pois, no Ciclo de Carnot, $\frac{Q_F}{T_F} = \frac{Q_Q}{T_Q}$ em módulo.

EXERCÍCIOS PROPOSTOS

1) No desenvolvimento de um vegetal, desde a semente até a fase adulta, ocorre um claro aumento na organização de sua estrutura, bem como da complexidade em seus processos bioquímicos. Esse aumento de organização implica em diminuição de entropia. Como explicar essa diminuição, sendo um processo natural?

2) Seja um sistema isolado dividido em três partes: A, B e C. Sabendo que as variações de entropia em A e B foram, respectivamente, de 50 J/K e – 40 J/K, determine a variação de entropia em C nos seguintes casos:

a) sistema sem irreversibilidades b) sistema com irreversibilidades

3) Dez mols de um gás ideal, confinado num recipiente indeformável de um litro, está à uma temperatura de 27 °C. Determine a variação de entropia quando é aquecido até uma temperatura de 127 °C.

4) Um gás ideal se encontra inicialmente à temperatura de 17 °C, pressão de 10 atm e ocupando um volume de 10 L. Determine a variação de entropia quando sua pressão aumentar para 20 atm e ocupando um volume de 8 L.

5) Um balão contendo 200 g de gás hidrogênio H_2, considerado como ideal e inicialmente à 47 °C, passa por uma transformação isobárica, até atingir a temperatura de 97 °C. Determine a variação de entropia deste processo.

6) Uma amostra de 500 g de gelo inicialmente à – 40 °C, é aquecida até se transformar totalmente em água líquida à 20 °C. Determine a variação de entropia deste processo.

7) Determine a variação de entropia num processo em que 0,5 kg de vapor d'água, inicialmente à 120 °C, se condensa até 80 °C à pressão normal.

8) Determine a geração de entropia de uma expansão livre de 10 mols de um gás ideal, quando passa de 40 cm^3 para 90 cm^3.

9) Determine a razão entre o volume final e o inicial numa expansão livre de um gás ideal, sabendo que um mol desse gás teve sua entropia aumentada de 50 J/K.

10) Qual a massa de monóxido de carbono, considerado como gás ideal, numa expansão livre em que o volume é triplicado e aumento de 40 J/K de entropia?

11) Dois recipientes de volumes fixos contendo 100 g de argônio cada, considerado como gás ideal, estão interligados através de um tubo de volume desprezível e adaptado em uma válvula V inicialmente fechada, como mostra a figura:

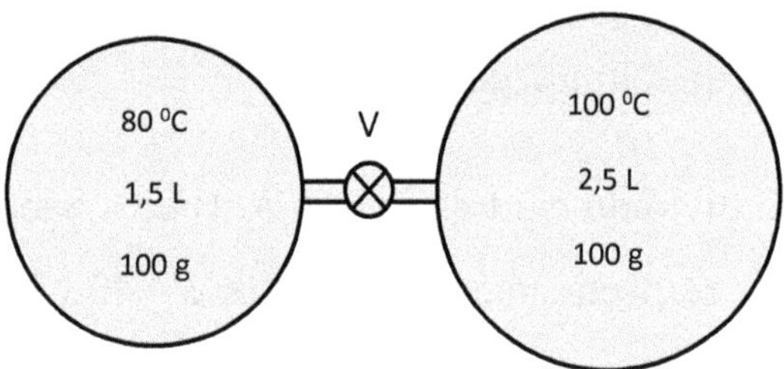

Aberta a válvula, os dois gases se misturarão até atingirem o equilíbrio térmico. Considere que os dois recipientes estão termicamente isolados com o meio ambiente, de modo que a troca de calor só ocorre entre os gases interiores. Nestas condições, determine:

a) a temperatura de equilíbrio térmico

b) a geração de entropia neste processo

12) Dentro de um reservatório isolado termicamente, dois materiais A e B trocam calor. As condições iniciais de ambos são as seguintes:

	$c\left(\frac{cal}{g.C}\right)$	m(g)	$T_0(\,^0C)$
A	1,5	10	10
B	2,0	5	- 40

Determine:

a) a variação de entropia de A e de B

b) a variação de entropia do sistema formado por A e B

CAPÍTULO 8

OS ESTADOS FÍSICOS DA MATÉRIA

- A ESTRUTURA ATÔMICA
- OS ESTADOS FÍSICOS DA MATÉRIA
- PROPRIEDADES DOS FLUIDOS
- DIAGRAMA DE FASE

A estrutura atômica

Toda matéria é constituída de *átomos*, partículas compostas por um núcleo e uma eletrosfera que, normalmente, se combinam entre si formando *moléculas*. A molécula de água, por exemplo, é formada pela combinação de dois átomos de hidrogênio com um de oxigênio, enquanto o cloreto de sódio (sal de cozinha) é formado pela associação química entre um átomo de sódio com um de cloro. As respectivas fórmulas da água e do cloreto de sódio são, portanto, H_2O e NaCl.

Por outro lado, existem substâncias que são monoatômicas, de tal maneira que suas propriedades físicas e químicas são definidas pela presença de um único átomo. É o caso dos chamados *elementos nobres* – hélio, neônio, argônio, xenônio, radônio e criptônio – que não se combinam com outro elemento químico e nem entre eles mesmos. Assim a fórmula do gás hélio, por exemplo, é simplesmente He.

A Figura 1.8 mostra alguns exemplos de ligações químicas:

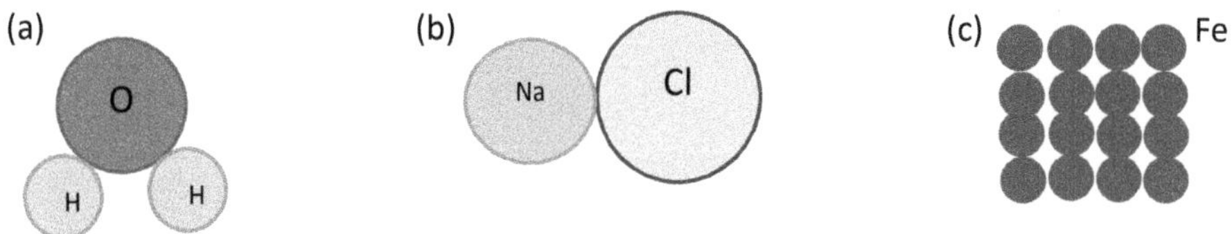

Fig.1.8 – Três maneiras diferentes de combinações químicas entre átomos: em (a) duas ligações covalentes entre hidrogênio e oxigênio formam a molécula de água; em (b) ligação eletrovalente entre sódio e cloro forma o cloreto de sódio; em (c) ligações metálicas entre átomos de ferro formam o próprio metal.

Quando a substância é definida por um único elemento químico, é classificada como *substância simples*, como é o caso das moléculas de hidrogênio H_2, oxigênio O_2, ozônio O_3 e do grafite C. Quando possui mais de um elemento químico é classificada como *substância composta*, como é o caso da água H_2O, dióxido de carbono CO_2 e ácido sulfúrico H_2SO_4.

Neste capítulo não interessa se conhecer a fundo a natureza das ligações químicas para formar a matéria[26], mas o estado de agregação entre as partículas que a constituem e que, para atender o interesse deste capítulo, define seu estado físico.

---

[26] Tal se pode encontrar em fontes de Química Geral.

Os estados físicos da matéria

São definidos quatro estados físicos da matéria: sólido, líquido, gasoso e plasma. Segue uma descrição sucinta das principais características destes estados físicos.

Estado sólido

Esse estado físico é caracterizado pela elevada organização entre os átomos ligantes, de modo a formarem estruturas compactas chamadas de *redes cristalinas*. Existem 14 estruturas padronizadas, também chamadas de *redes de Bravais*.

Para manter a coesão de uma estrutura cristalina é preciso que as forças intermoleculares sejam suficientemente intensas, condição que também diferencia um sólido dos demais estados físicos.

Estados líquido e gasoso

Nestes dois estados da matéria não existem estruturas cristalinas, uma vez que as forças de ligação entre as moléculas são insuficientes para isso. No estado líquido as forças atrativas entre as moléculas são um pouco maiores do que no estado gasoso, o que justifica uma maior coesão nesse estado e um volume definido, enquanto no estado gasoso considerado ideal estas forças são inexistentes (num caso real são de pequena significação), o que permite uma expansão livre e ilimitada de um gás.

A Figura 2.8 mostra os três estados físicos da água em seu *ponto triplo* (273,16 K e 611,3 Pa), situação em que os três estados físicos se encontram em equilíbrio termodinâmico: gelo, água líquida e vapor.

Fig.2.8 – Água com seus três estados físicos em equilíbrio termodinâmico. Arquivo do autor.

Plasma

Quando um gás é submetido a um aquecimento crescente, numa determinada temperatura ele passará por um processo de ionização, de modo que parte de seus átomos se tornarão íons positivos. Esse conjunto formado por uma mistura de íons, elétrons livres e partículas neutras, normalmente a uma temperatura que se inicia em torno dos mil graus Célsius, é conhecida como quarto estado físico da matéria ou ainda *plasma*.

As estrelas (incluindo nosso Sol) são inteiramente constituídas de plasma, enquanto um gás emitindo luz no interior de uma lâmpada fluorescente também se encontra neste estado, embora numa temperatura muito inferior à de uma estrela.

A Figura 3.8 mostra estes exemplos:

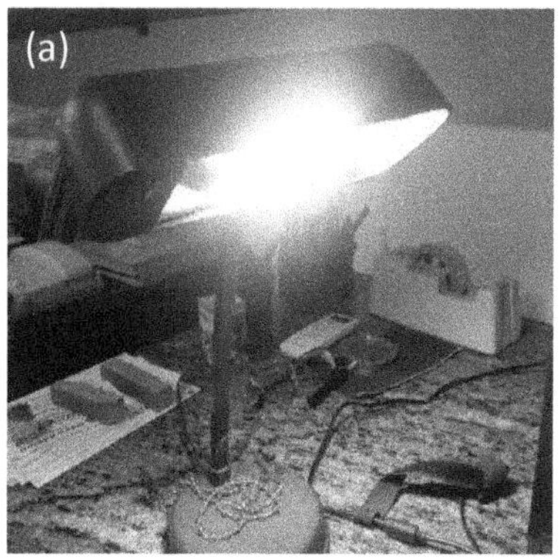

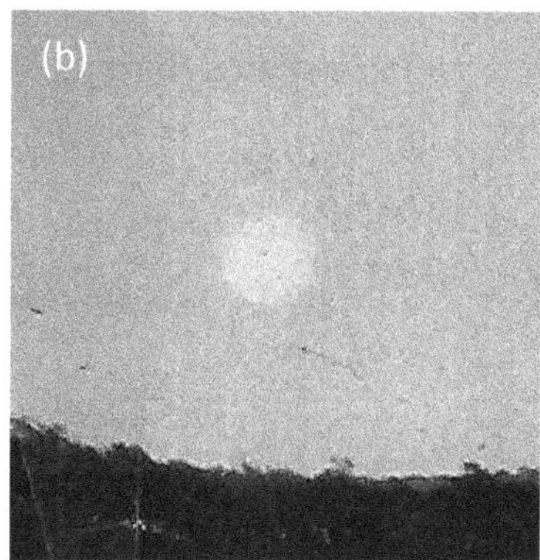

Fig.3.8 – Em (a) gás emitindo luz numa lâmpada fluorescente e, em (b) o Sol, são exemplos de plasmas. Arquivo do autor.

O elevado grau de ionização, portanto, diferencia o plasma de um estado gasoso ordinário.

Alguns materiais não possuem um estado físico definido, sendo por isso chamados de *amorfos*. São consistentes como os sólidos, mas não possuem rede cristalina. É o caso do vidro, da baquelite, do poliestireno, do polietileno e do nylon.

Propriedades fundamentais

Algumas propriedades são fundamentais no estudo do estado físico da matéria, que podem ser dimensionadas em grandezas físicas. Destacamos à seguir algumas.

Densidade absoluta

A *densidade absoluta* é definida pela razão entre a massa de um material com o seu volume:

$$d = \frac{m}{V} \qquad \text{Eq.1.8}$$

No Sistema Internacional, portanto, é medida em kg/m^3.

À nível microscópico a densidade absoluta pode ser denominada de *massa específica* ρ, definida por:

$$\rho = \lim_{\Delta V \to 0} \frac{\Delta m}{\Delta V} = \frac{dm}{dV} \qquad \text{Eq.2.8}$$

onde dV é um elemento infinitesimal de volume do material contendo um elemento infinitesimal de massa dm.

À nível macroscópico, portanto, a massa específica só se aplica para materiais homogêneos tanto na sua densidade como na sua constituição química.

No Anexo V encontra-se uma tabela de massas específicas para alguns materiais.

O inverso da massa específica é definido como *volume específico v*:

$$v = \frac{1}{\rho} \qquad \text{Eq.3.8}$$

Pressão

A pressão é definida como a razão entre o módulo da força aplicada sobre uma determinada área. Como a força é uma grandeza vetorial, o ângulo de aplicação da força em relação ao plano da área pode mudar, acarretando mudança de pressão.

Considere então a Figura 4.8:

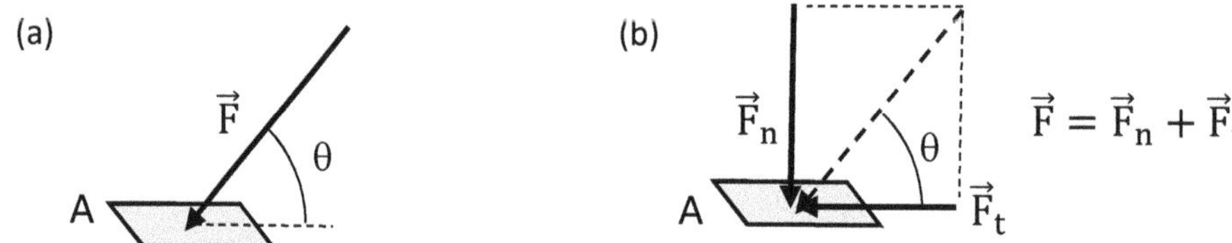

Fig.4.8 – Em (a), força $\vec{F}$ aplicada sobre uma área A, formando um ângulo θ com seu plano; em (b), decomposição desta força em uma componente $\vec{F}_n$ normal ao plano e $\vec{F}_t$ paralela ou tangencial ao plano.

As duas componentes da força $\vec{F}$ exercem pressões distintas: a *pressão normal* e a *pressão tangencial*, sendo esta também chamada de *pressão cisalhante*. Para nosso estudo, interessa apenas a pressão da componente normal e que, por isso, será tratada como simplesmente pressão:

$$p = \frac{F_n}{A} \qquad \text{Eq.4.8}$$

Assim, no Sistema Internacional de Unidades a pressão é medida em N/m^2 ou *Pascal*.

Temperatura

A temperatura nos fornece uma medida do *grau de agitação* térmica das moléculas que constituem um material. Embora esse grau de agitação não é constante para todas as moléculas, pode-se estabelecer um valor médio, que define a temperatura do material.

No Sistema Internacional a temperatura é medida em *Kelvin*, cuja relação com a escala Célsius é $K = C + 273{,}15$.

Embora existam semelhanças entre os estados líquido e gasoso no que diz respeito ao arranjo atômico, algumas diferenças são marcantes em suas propriedades macroscópicas, entre elas o *grau de compressibilidade*, sendo acentuada no estado gasoso e desprezível no estado líquido. Para efeitos práticos, os líquidos são considerados como incompressíveis.

Diagrama de fase

As mudanças de fase ou de estado físico recebem denominações específicas, como mostra a Figura 5.8:

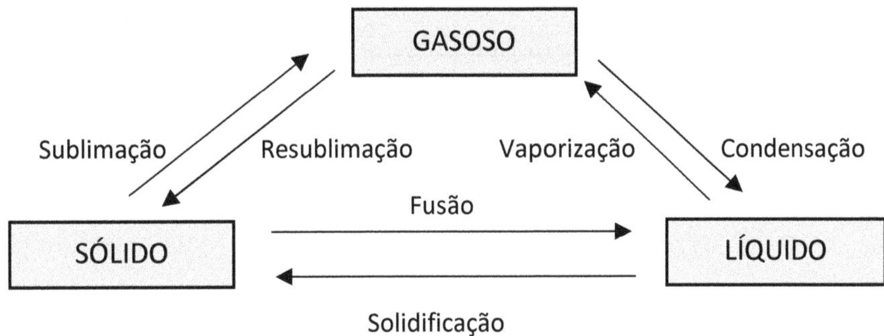

Fig.5.8 – Nomes padronizados para as mudanças de estado físico. A resublimação também pode ser chamada de *cristalização*, a solidificação de *congelação*, a condensação de *liquefação* e a vaporização, quando ocorre de forma acelerada e turbulenta, de *ebulição*.

Para uma substância pura, *a mudança de estado físico à uma pressão constante ocorre a uma temperatura também constante*. Assim, para a água, por exemplo, e submetida à pressão ao nível do mar (760 milímetros de mercúrio), a transição entre os estados sólido e líquido ocorre à temperatura de 0 °C ou 273 K, e entre os estados líquido e gasoso (vapor) à uma temperatura de 100 °C ou 373 K. Do início até o final da transição, a pressão e a temperatura se mantêm constantes.

A Figura 6.8 mostra como a temperatura T da água varia com a quantidade de calor Q que lhe é fornecida:

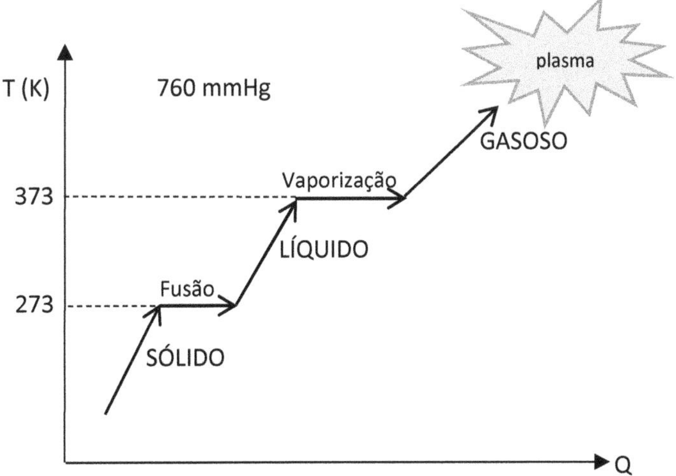

Fig.6.8 – Relação entre temperatura e quantidade de calor para a água, sob pressão normal. Se o aquecimento no estado gasoso prosseguir, chega-se ao quarto estado físico da matéria (plasma).

Durante os intervalos onde ocorrem mudanças de estado físico (os patamares no gráfico da Figura 6.8) o sistema é *bifásico*, isto é, apresenta duas fases distintas. Durante a fusão os estados sólido e líquido coexistem, enquanto durante a vaporização líquido e vapor coexistem, de modo que, à medida que o calor é fornecido, o primeiro estado vai gradativamente se transformando no segundo. O comportamento naturalmente se inverte, caso o calor seja retirado do sistema.

Chama-se *diagrama de fase* ou *diagrama de estado*, o gráfico que permite identificar o estado físico de uma substância e dimensionar sua quantidade. Essa análise é facilitada num diagrama bidimensional.

Diagrama pressão-temperatura

Neste diagrama a pressão é disposta no eixo vertical (ordenadas) enquanto a temperatura é disposta no eixo horizontal (abscissas). Dois pontos se destacam neste diagrama: o *ponto triplo* e o *ponto crítico*. O ponto triplo corresponde ao ponto onde as *três fases coexistem em equilíbrio*, enquanto o ponto crítico corresponde ao ponto onde, para temperaturas mais altas do que a temperatura crítica T_c, *não há mais distinção entre as fases líquida e vapor*, sendo então considerado um estado estritamente gasoso[27].

A Figura 7.8 mostra os dois tipos típicos de um diagrama de fase.

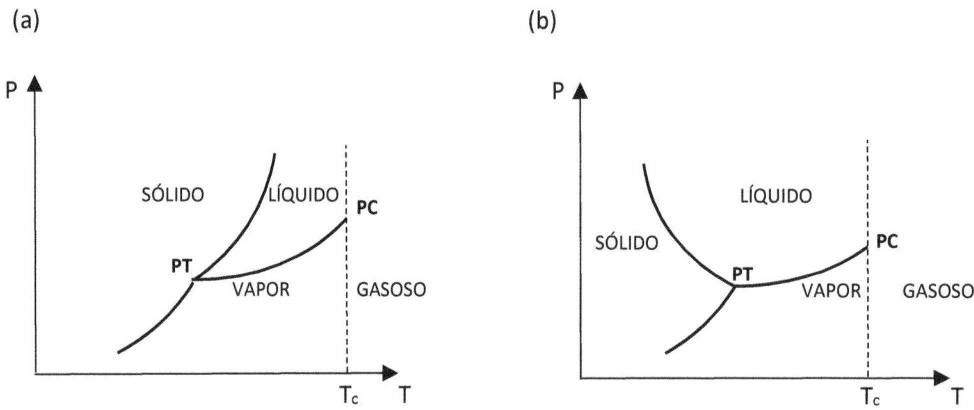

Fig.7.8 – Relação entre pressão e temperatura num diagrama de fase. PT é o ponto triplo, PC o ponto crítico e T_c a *temperatura crítica*. Em (a) quando a temperatura de fusão aumenta com a pressão; em (b) quando a temperatura de fusão diminui com a pressão, sendo este o caso da água.

[27] Como o próprio diagrama de fase da Figura 6.8 mostra, o estado de vapor existe quando se pode passar ao estado líquido por compressão isotérmica (temperatura constante), enquanto no estado gasoso não há mais a possibilidade de liquefação.

A Tabela 1.8 mostra os valores destes dois pontos para a água.

Tabela 1.8 – Pressão e temperatura para os pontos triplo e crítico da água

	Pressão (kPa)	Temperatura (°C)
Ponto triplo	0,6113	0
Ponto crítico	22090	374,15

Diagrama pressão-volume

Uma forma conveniente de representar esse diagrama é comparando a pressão com o volume específico da substância definido pela Equação 3.8. A Figura 8.8 mostra o diagrama P-*v* da água:

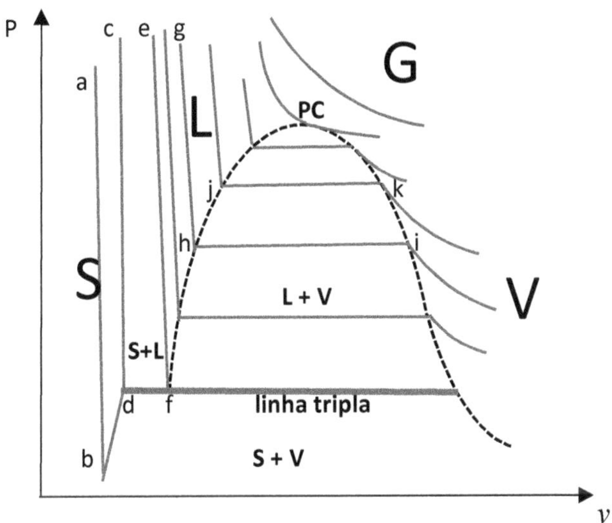

Fig.8.8 – Diagrama pressão-volume específico da água, destacando os três estados físicos e as fronteiras de transição entre eles: sólido S, líquido L, vapor V e G gás. PC é o ponto crítico e a linha tripla corresponde aos pontos onde os três estados físicos coexistem simultaneamente. Maiores explicações no texto à seguir.

Na Figura 8.8 cada linha cheia corresponde a uma *isoterma*, isto é, linha onde a temperatura não se modifica. Dentre as linhas desenhadas, destacamos as seguintes:

Linha ab – nesta região a fase é inteiramente sólida, e a inclinação da linha sugere que o volume específico diminui muito pouco com o aumento de pressão.

Linha cd – corresponde à linha onde começa a transição entre os estados sólido e líquido, com uma variação quase nula de volume específico à medida que a pressão aumenta.

Linha ef – linha onde se encerra a transição de sólido para líquido.

Linha gh – nesta região a fase é inteiramente líquida, e a variação do volume específico com a pressão se mantém muito pequena, devido à grande resistência que os líquidos oferecem à compressão.

Linha hi – linha onde coexistem as fases líquida e vapor, passando da primeira para a segunda à medida que o volume específico aumenta de forma destacada, devido à presença do vapor, cuja compressibilidade é alta comparada com a fase líquida. Repare que durante esta transição a pressão e a temperatura se mantém constantes. No ponto h o estado é chamado de *líquido saturado*, enquanto no ponto i é *vapor saturado*.

Linha jk – é semelhante à linha hi, mas a uma pressão e temperatura de transição maior.

A linha que passa pelo ponto crítico é o limite onde ainda se verifica transição de líquido para vapor, enquanto para temperaturas mais altas o estado é puramente gasoso, de modo que não se verifica mais liquefação.

Juntando todos os pontos onde o líquido e o vapor são saturados, ou seja, onde os patamares de transição líquido-vapor começam e terminam, observa-se a formação de uma curva com forma de sino, representada na Figura 8.8 pela linha tracejada. Dentro desta região, a passagem da fase líquida para a vapor (e vice-versa) *ocorre à pressão e temperatura constantes*, e os dois estados se encontram no *estado de saturação*, isto é, situação em que o *volume específico de cada estado se mantém separadamente*.

Título

Nos patamares onde o sistema é bifásico líquido + vapor, define-se o *título em massa*, da seguinte forma:

$$x = \frac{m_v}{m_v + m_l} \qquad \text{Eq.5.8}$$

onde m_v é a massa da fase vapor e m_l é a massa da fase líquida coexistindo.

Trata-se de uma grandeza adimensional que compara a massa de vapor com a massa da mistura vapor-líquido[28]. Naturalmente que ela varia entre 0 e 1, sendo zero o ponto onde só existe líquido saturado, e um onde só existe vapor saturado. As fases líquida e vapor externas à curva em forma de sino, são classificadas como *líquido comprimido* e *vapor superaquecido*, respectivamente.

O título também pode ser expresso na forma percentual: $\mathrm{x}_{\%} = 100\mathrm{x}$. Assim, nesta forma, o título em massa varia de 0 a 100%.

Uma relação entre título e volume específico pode ser feita, considerando o volume total da mistura como a soma do volume da fase líquida com o volume da fase vapor: $\mathrm{V} = \mathrm{V}_{\text{líq}} + \mathrm{V}_{\text{vap}}$. Dividindo cada termo desta equação pela massa total da mistura, teremos:

$$v = \frac{\mathrm{V}_{\text{líq}}}{\mathrm{m}} + \frac{\mathrm{V}_{\text{vap}}}{\mathrm{m}} \qquad \text{Eq.6.8}$$

onde v é o volume específico da mistura.

Ocorre que $\mathrm{V}_{\text{líq}} = \mathrm{m}_{\text{líq}} v_{líq.sat.}$ e $\mathrm{V}_{\text{vap}} = \mathrm{m}_{\text{vap}} v_{vap.sat.}$, onde $v_{líq.sat.}$ é o volume específico do líquido saturado, enquanto $v_{vap.sat.}$ é o volume específico do vapor saturado. Aplicando na Equação 6.8:

$$v = \frac{\mathrm{m}_{\text{líq}}}{\mathrm{m}} v_{líq.sat.} + \frac{\mathrm{m}_{\text{vap}}}{\mathrm{m}} v_{vap.sat.} \rightarrow v = \frac{\mathrm{m}_{\text{líq}}}{\mathrm{m}} v_{líq.sat.} + \mathrm{x} v_{vap.sat.} \qquad \text{Eq.7.8}$$

No entanto, reformulando a Equação 5.8 do título em massa:

$$\mathrm{x} = \frac{\mathrm{m}_{\text{vap}}}{\mathrm{m}_{\text{vap}} + \mathrm{m}_{\text{líq}}} \rightarrow \frac{\mathrm{m}_{\text{líq}}}{\mathrm{m}} = 1 - \mathrm{x}$$

Aplicando esse resultado na Equação 7.8:

$$v = (1 - \mathrm{x}) v_{líq.sat.} + \mathrm{x} v_{vap.sat.}$$

Rearranjando os termos, chega-se a:

$$v = v_{líq.sat.} + \mathrm{x}\left(v_{vap.sat.} - v_{líq.sat.}\right) \qquad \text{Eq.8.8}$$

[28] Define-se também o *título em volume*, onde o volume ocupa o lugar da massa.

Esta é uma expressão que relaciona o volume específico de uma mistura líquido-vapor com o título, uma vez que os valores de saturação normalmente são tabelados.

Exemplo: sabendo que à 50 ºC o volume específico da água líquida saturada é $1{,}01 \times 10^{-3}\ \frac{m^3}{kg}$ e o volume específico do vapor saturado da água é $12{,}03\ \frac{m^3}{kg}$, determinar o volume específico da mistura líquido-vapor nesta temperatura, sabendo que o título em massa é 0,8.

Resolução

Aplicando a Equação 8.8:

$$v = 1{,}01 \times 10^{-3} + 0{,}8(12{,}03 - 1{,}01 \times 10^{-3})$$

$$v = 9{,}62\ \frac{m^3}{kg}$$

EXERCÍCIOS MODELOS

1) Uma casca esférica tem raio interno 5 cm e raio externo 10 cm. A casca é constituída de ferro, cuja massa específica é igual a 7,2 g/cm^3. A parte oca está vazia. Determine:

a) a massa de ferro contida na casca

b) a densidade absoluta de toda esfera

Resolução

a) o volume da casca esférica é igual à diferença entre o volume total e o volume da parte oca. Sendo R = 10 cm e r = 5 cm:

$$V_{casca} = \frac{4}{3}\pi(R^3 - r^3) = \frac{4}{3}\pi(10^3 - 5^3) \cong 3665{,}2\ cm^3$$

Estando este volume preenchido com ferro, sua massa é, e usando a Equação 1.8:

$$7{,}2 = \frac{m}{3665{,}2} \rightarrow m = 26389{,}44\ g \cong 26{,}4\ kg$$

b) o volume total (incluindo a parte oca) é:

$$V_{esfera} = \frac{4}{3}\pi \times 10^3 \cong 4188{,}79\ cm^3$$

A densidade absoluta de toda esfera é, então:

$$d = \frac{26389,44}{4188,79} \cong 6,3\ \text{g/cm}^3$$

2) Uma força de módulo 100 N é aplicada uniformemente sobre uma área de 10 cm^2, cuja direção forma 60° com o plano da área. Determine a pressão normal e cisalhante sobre esta área em kilopascal.

Resolução

As componentes da força na direção normal e tangencial à área são:

$$F_n = F\text{sen}60^0 \cong 86,6\ \text{N} \qquad \text{e} \qquad F_t = F\cos 60^0 = 50,0\ \text{N}$$

Transformando a unidade de área: $10\ \text{cm}^2 = 10^{-3}\ \text{m}^2$. Aplicando a Equação 4.8:

$$p_n = \frac{86,6}{10^{-3}} = 86,6\ \text{kPa} \qquad \text{e} \qquad p_t = \frac{50,0}{10^{-3}} = 50\ \text{kPa}$$

3) A figura mostra o diagrama de fases da água (fora de escala), com a pressão em função da temperatura, sendo PT o ponto triplo e PC o ponto crítico:

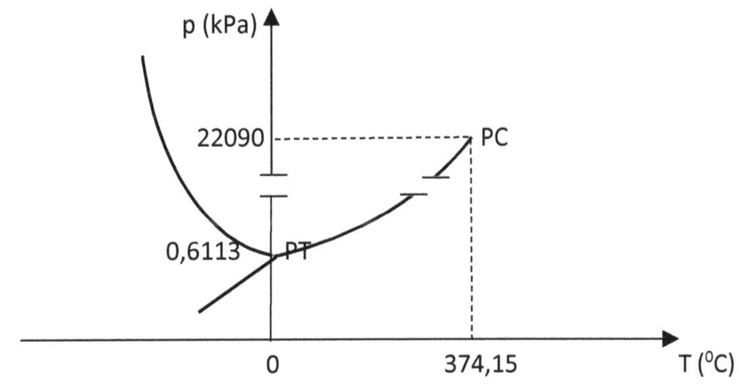

Pede-se identificar:

a) o estado físico em -10 °C e 0,6113 kPa

b) o estado físico em 0 °C e 0,4 kPa

c) o estado físico em 110 °C e 22090 kPa

d) o estado físico em 300 °C e 25 Mpa

e) o estado físico em 300 °C e 8581 kPa

f) o estado físico em 400° C

g) a transformação de fase que ocorre na passagem de um estado a – 10 °C até 0 °C sob pressão constante de 8581 kPa

Resolução

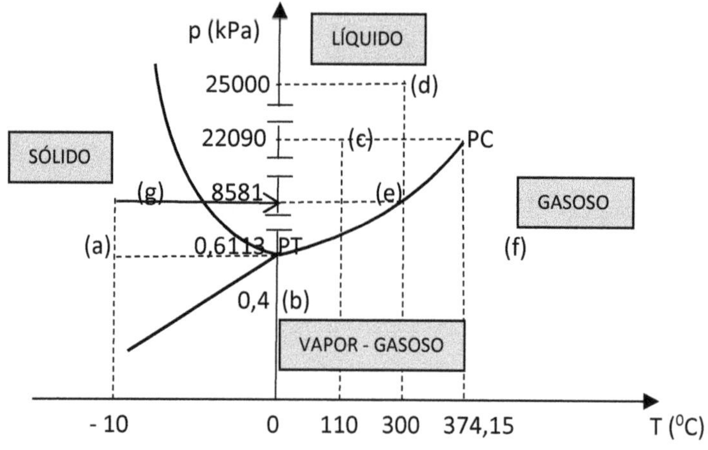

a) sólido b) vapor (gasoso) c) líquido d) fluido líquido

e) bifásico líquido – vapor f) gasoso (acima de T_c) g) fusão (sólido para líquido)

4) Dado o gráfico pressão – volume específico de uma substância entre os estados líquido e vapor, destacando duas isotermas, uma a 80 °C e outra a 10 °C:

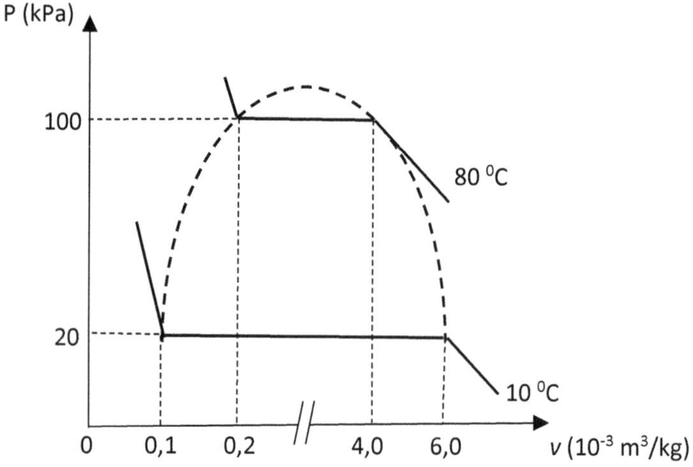

Determinar:

a) o título em massa à 80 °C quando o volume específico é 0,0025 m^3/kg

b) o volume específico à 10 °C quando o título em massa é 0,32

Resolução

a)

À 80 °C temos que $v_{líq.sat.} = 0{,}2 \times 10^{-3}\ \frac{\text{m}^3}{\text{kg}}$ e $v_{vap.sat.} = 4{,}0 \times 10^{-3}\ \frac{\text{m}^3}{\text{kg}}$.

Aplicando a Eq.8.8:

$$0{,}0025 = 0{,}2 \times 10^{-3} + \text{x}(4{,}0 - 0{,}2)10^{-3}$$

$$x \cong 0{,}61$$

Significando que cerca de 61% da massa total neste ponto é de vapor saturado.

b)

À 10 °C temos que $v_{líq.sat.} = 0{,}1 \times 10^{-3}\ \frac{\text{m}^3}{\text{kg}}$ e $v_{vap.sat.} = 6{,}0 \times 10^{-3}\ \frac{\text{m}^3}{\text{kg}}$

Aplicando Eq.8.8:

$$v = 0{,}1 \times 10^{-3} + 0{,}32(6{,}0 - 0{,}1)10^{-3} \rightarrow v = 1{,}988 \times 10^{-3}\ \frac{\text{m}^3}{\text{kg}}$$

EXERCÍCIOS PROPOSTOS

1) Um objeto poroso tem 5 cm^3 de plástico homogêneo e 10 cm^3 de cavidades vazias. Sendo 20 gramas a massa de plástico, determine a densidade absoluta do objeto e a massa específica do plástico.

2) Uma esfera tem metade de seu volume preenchido por ouro, enquanto a outra metade está preenchida por prata. Determine a densidade absoluta da esfera.

3) Um bloco tem um quarto de seu volume ocupado por ferro, enquanto a parte restante é preenchida por magnésio. Determine a densidade absoluta do bloco.

4) Dois litros de água são misturados com um litro e meio de álcool. Não havendo reação química entre eles ou alteração de volumes, determine a densidade absoluta da mistura.

5) Um cubo de gelo com aresta 5 cm tem em seu interior uma cavidade esférica de raio 2 cm totalmente preenchida com água líquida. Determine a densidade absoluta do conjunto.

6) Tem-se uma amostra feita com uma liga de ouro 18-quilates, com a seguinte composição percentual em massa: 75% de ouro puro, 13% de prata e 12% de cobre. Sabendo que o volume total corresponde à soma dos volumes dos metais separadamente, determine a densidade absoluta da liga.

7) A figura mostra uma esfera de cortiça com raio 5 cm envolvida por uma casca esférica de chumbo com raio externo de 10 cm e que, por sua vez, está envolvida por uma casca esférica de prata com raio externo 12 cm.

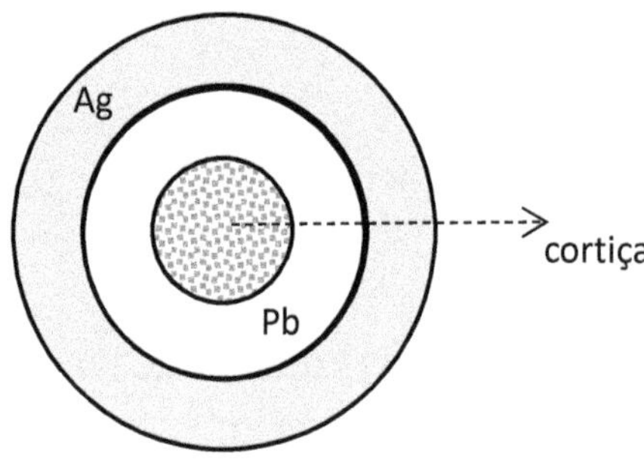

Determine a densidade absoluta de todo o material.

8) Um indivíduo tem massa de 90 kg e cada sola de seus sapatos tem área 95 cm^2. Determine a pressão, em Pascal, que ele exerce no piso, estando apoiado nas seguintes condições: (a) pelos dois pés; (b) por apenas um pé. Dado: aceleração da gravidade 9,8 m/s^2.

9) Uma placa com área de 20 cm^2 está submetido a uma pressão normal de 20 N/m^2 e uma pressão tangencial de 10 N/m^2. Determine:

a) a intensidade da força, em Newtons, aplicada sobre a placa

b) o ângulo que a força forma com o plano da placa

10) A figura mostra o diagrama de fases da água (fora de escala):

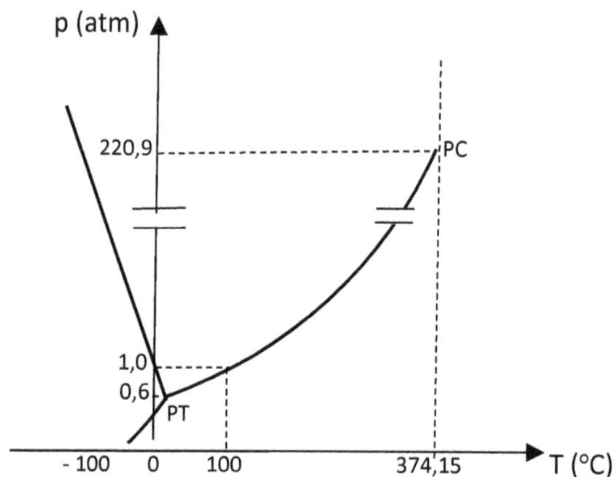

Com base neste gráfico, determine:

a) o estado físico em – 10 °C e 1,0 atm

b) o estado físico em 100 °C e 0,6 atm

c) o estado físico em 50 °C e 2,0 atm

d) o estado físico em 375 °C

e) o estado físico em 0 °C e 1,0 atm

f) o estado físico em 0 °C e 50 atm

g) a transformação que ocorre de – 100 °C à 100 °C em 0,5 atm constante

h) a transformação que ocorre de 1,5 atm à 0,5 atm em 100 °C

i) a transformação que ocorre de 100 °C à – 100 °C em 2,0 atm

j) a transformação que ocorre em 0 ^{0}C de 0,8 a 1,2 atm

11) A figura mostra o diagrama de fases (fora de escala) do dióxido de carbono CO_2:

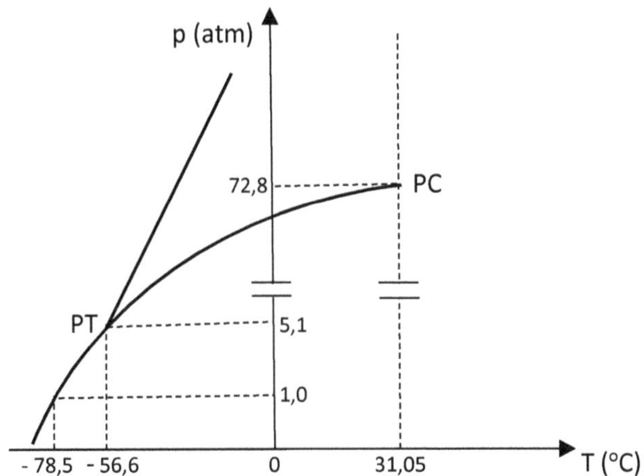

Com base neste gráfico, determine:

a) o estado físico em – 120 °C e 5,1 atm

b) o estado físico em – 20 °C e 2,0 atm

c) o estado físico em – 1,0 °C e 72,8 atm

d) o estado físico em 0 °C e 5,0 atm

e) o estado físico em 35 °C

f) o estado físico em – 78,5 °C e 1,0 atm

g) a mudança de estado físico de – 120 °C à 0 °C sob pressão de 5,0 atm

h) a mudança de estado físico de – 60 °C à 10 °C sob pressão de 75,0 atm

i) a mudança de estado físico de 5 atm à 72,8 atm em 0 °C

12) Dado o gráfico pressão – volume específico de 40 g de uma substância entre os estados líquido e vapor, destacando duas isotermas, uma a 100 °C e outra a 40 °C:

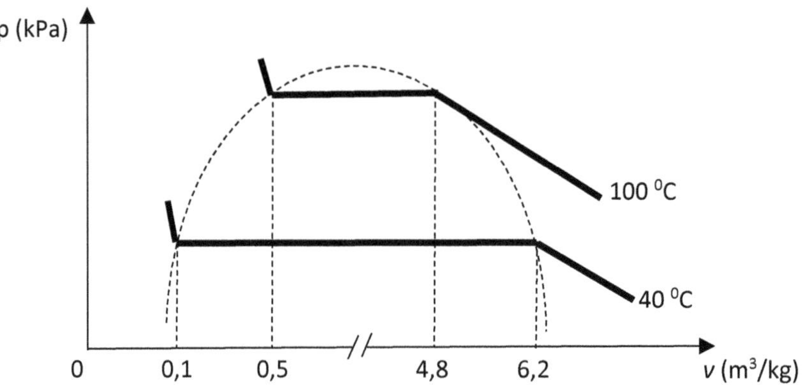

Determine para a mistura:

a) o título em massa para o volume específico 1,4 m³/kg em 100 °C

b) o título em massa para o volume específico 1,4 m³/kg em 40 °C

c) o volume específico para um título em massa de 45% a 100 °C

d) o volume específico para um título em massa de 45% a 40 °C

e) o título e o volume específico à 100 °C, quando a massa de líquido é igual à 10 g

f) o título e o volume específico à 40 °C, quando a massa de vapor é igual à 25 g

g) por que a transição entre as fases líquida e vapor ocorre a uma temperatura maior para um aumento de pressão?

13) A figura mostra um gráfico da temperatura em função do volume específico de uma substância pura entre os estados líquido e vapor, destacando uma isobárica:

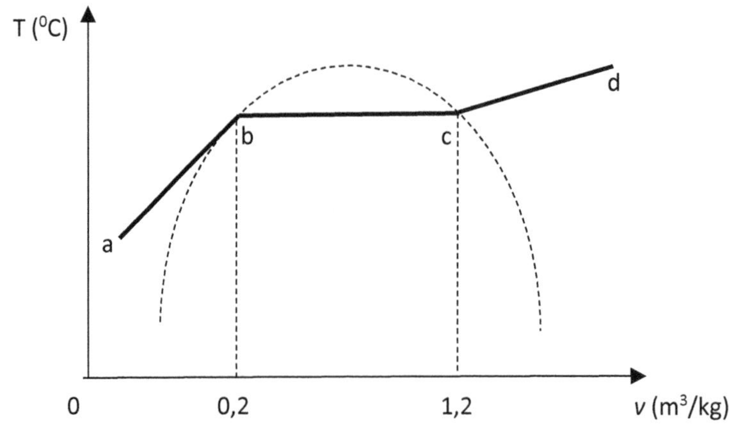

Pede-se nesta pressão:

a) o título em massa quando o volume específico é 0,48 m^3/kg

b) o volume específico quando o título em massa é 0,94

c) a interpretação da inclinação da isobárica entre os segmentos ab e cd

d) interprete o que está acontecendo no patamar bc

14) São dados os valores de saturação do volume específico do propano no estado líquido e de vapor à 1 bar e – 42,4 °C: $1{,}72 \times 10^{-3}\ m^3/kg$ e $0{,}4185\ m^3/kg$, respectivamente. Determine nesta temperatura e pressão:

a) o título para volume específico de 0,25 kg/m^3

b) o volume específico da mistura bifásica para o título em massa igual a 0,8

15) É dado o volume específico da amônia líquida saturada à 1 bar e – 33,6 °C: $1{,}47 \times 10^{-3}$ kg/m^3. Determine nestas condições o volume específico do vapor de amônia saturada, sabendo que o título em massa é 0,38 para um volume específico 0,434 m^3/kg da mistura bifásica.

16) O volume específico do vapor saturado do Refrigerante 22 à 1 bar e – 41 °C é 0,215 m^3/kg. Determine nestas condições o volume específico do líquido saturado deste refrigerante, sabendo que o título em massa é 0,12 para um volume específico 0,026 m^3/kg da mistura bifásica.

17) São dados os volumes específicos do Refrigerante 134a em – 26,4 °C e 1,0 bar: $0{,}7258 \times 10^{-3}$ m^3/kg e 0,1917 m^3/kg, nos estados saturados de líquido e vapor, respectivamente. Determine nestas condições:

a) o título em massa no volume específico 0,025 m^3/kg da mistura bifásica

b) a massa de cada fase da mistura sabendo que o total é 200 g

18) À 60 °C e 20 kPa o volume específico da água líquida saturada é igual a 0,001017 m^3/kg. Determine o volume específico do vapor saturado nestas condições, sabendo que, quando volume específico da mistura bifásica líquido-vapor é igual a 3,45237885 m^3/kg, o título em massa da mistura é 45%.

19) À 100 °C e 101,3 kPa o volume específico do vapor saturado da água é igual a 1,67290 m^3/kg. Determine nestas condições o volume específico da fase líquida saturada da água nestas condições, sabendo que, quando o volume da mistura bifásica líquido-vapor de água é igual a 1,47227728 m^3/kg, o título em massa da mistura é 0,88.

20) À -10 ^{0}C e 291 kPa o volume específico do líquido saturado de amônia é igual à 0,001534 m^3/kg. Determine nestas condições o volume específico da fase saturada de vapor de amônia, sabendo que, quando o título em massa da mistura bifásica líquido-vapor é 28%, o volume específico da mistura é 0,11776648 m^3/kg.

21) À 0 ^{0}C e 3485 kPa o volume específico do vapor saturado de dióxido de carbono é igual a 0,01024 m^3/kg. Determine nestas condições o volume específico da fase líquida saturada de CO_2, sabendo que, quando o volume específico da mistura bifásica líquido-vapor de CO_2 é $5{,}93386 \times 10^{-3}$ m^3/kg, o título é 0,53.

22) À 20 °C e 1444,2 kPa o volume específico do vapor saturado do refrigerante R-410a é igual a 0,01758 m^3/kg. Determine nestas condições o volume específico da fase saturada líquida desse refrigerante, sabendo que, quando o título em massa é igual a 4%, o volume específico da mistura bifásica líquido-vapor é 0,00158928 m^3/kg.

23) À – 203 °C e 38,6 kPa, o volume específico do nitrogênio líquido saturado é igual a 0,001191 m^3/kg. Determine nestas condições o volume específico da fase de vapor saturado do nitrogênio, sabendo que em 0,50531484 m^3/kg da mistura bifásica líquido-vapor o título em massa é igual a 0,96.

24) À 95 °C e 19,8 kPa o volume específico da fase líquida saturada de metano é igual à 0,002243 m^3/kg. Determine nestas condições o volume específico da fase saturada de vapor de metano, sabendo que, quando o volume específico da mistura bifásica líquido-vapor desse composto é igual a 0,61435475 m^3/kg, o título em massa é 25%.

CAPÍTULO 9

FLUIDOS EM REPOUSO

- EQUILÍBRIO DOS FLUIDOS E PRINCÍPIO DE STEVIN
- PRINCÍPIO DE ARQUIMEDES
- PRINCÍPIO DE PASCAL

Equilíbrio dos fluidos e Princípio de Stevin

Desde o capítulo anterior, consideramos os líquidos e os gases como estados fluidos e, consequentemente, desprovidos de estrutura cristalina. O estado líquido ainda apresenta uma certa viscosidade, devido às forças de coesão entre suas moléculas, ao passo que, no estado gasoso, estas forças são praticamente nulas.

As moléculas de um fluido, afora condições excepcionais, não estão em repouso, mas o conjunto que constitui um fluido submetido a um campo gravitacional pode ser considerado em repouso ou ainda em *equilíbrio*, se algumas condições forem satisfeitas. Entre elas, destacam-se as seguintes:

- *a pressão aumenta linearmente com a profundidade*

- *a pressão é a mesma em todos os pontos de um mesmo plano horizontal*

- *a pressão na superfície é igual à pressão do meio ambiente na interface de contato com a superfície do fluido*

- *não há diferenças apreciáveis de temperatura entre as partes do fluido*

- *a aceleração da gravidade é a mesma em todos os seus pontos.*

Para o caso dos líquidos e por serem quase incompressíveis, existe uma fórmula específica que determina a pressão em qualquer ponto de seu meio. Para isso, consideremos a Figura 1.9, onde água em equilíbrio está contida num copo:

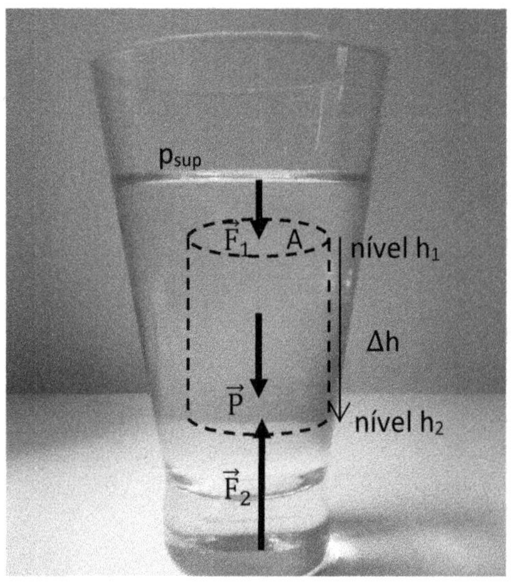

Fig.1.9 – Água em equilíbrio contida num copo, destacando uma porção cilíndrica do líquido e as forças verticais que nele atuam. Arquivo do autor.

Destaca-se uma porção cilíndrica dentro da água, de comprimento $\Delta h = h_2 - h_1$ contado a partir da superfície da água e bases de mesmo valor A, que também está em equilíbrio. Logo, de acordo com o Princípio da Inércia, a resultante das forças atuantes nesse cilindro é necessariamente nula. Considerando apenas as forças verticais (as forças horizontais evidentemente também se anulam mutuamente), estão atuando sobre o cilindro a força peso $\vec{P} = m\vec{g}$ (exercida pela Terra), uma força vertical para baixo $\vec{F}_1$ aplicada na base superior e uma força vertical para cima $\vec{F}_2$ aplicada na base inferior do cilindro. Esse par de forças atuando sobre as bases são aplicadas pelo meio líquido, no caso a água:

$$mg + F_1 = F_2 \qquad \text{Eq.1.9}$$

Considerando p_1 como a pressão na base superior e p_2 a pressão na base inferior do cilindro e aplicando a Equação 4.8 no lugar da força, tem-se $mg + p_1A = p_2A$. Aplicando a Equação 1.8 para a massa m:

$$\rho Vg + p_1A = p_2A \qquad \text{Eq.2.9}$$

onde ρ é a massa específica e V o volume, ambos da água.

Ocorre que $V = A\Delta h$, e dividindo a Equação 2.9 pelo valor de A:

$$\rho g\Delta h + p_1 = p_2 \qquad \text{Eq.3.9}$$

Desta equação se deduz que o valor da pressão na base inferior do cilindro é igual ao valor da pressão sobre a base superior do cilindro somada com o valor de $\rho g\Delta h$, sendo este produto de três fatores chamado de *pressão hidrostática* ou ainda *pressão manométrica*. Essa pressão manométrica é, portanto, igual à diferença das pressões exercidas pelo líquido nas bases superior e inferior do cilindro, sendo maior aquela que é aplicada na base inferior, uma vez que se encontra à uma profundidade maior.

Compactando a Equação 3.9:

$$\Delta p = \rho g\Delta h \qquad \text{Eq.4.9}$$

Ou seja: *a diferença de pressão entre dois níveis horizontais num líquido em equilíbrio é igual ao produto entre a massa específica do líquido com a aceleração da gravidade e à diferença de cota entre os níveis.* Esta é a equação do *Princípio de Stevin*[29].

Para o caso particular do nível superior do cilindro coincidir com o nível da superfície, a Equação 3.9 se reduz a:

$$p = p_{sup} + \rho g h \qquad \text{Eq.5.9}$$

que fornece a pressão total num ponto localizado à uma profundidade h.

Observa-se da Equação 4.9 que, para pontos do líquido num mesmo plano horizontal, $\Delta h = 0$ e, consequentemente, $\Delta p = 0$, não há diferença de pressão, o que é, aliás, uma das condições para um fluido estar em equilíbrio.

Interessante ressaltar que esta igualdade de pressão não depende da largura ou do formato do recipiente que contém o líquido.

Princípio de Arquimedes

Todo corpo imerso em um fluido submetido à ação da gravidade, sente uma resistência à descida oferecida pelo fluido, sendo tanto maior quanto mais viscoso ele for. O *Princípio de Arquimedes*[30] permite estabelecer uma fórmula para medir o valor dessa força de resistência. Para isso, consideremos novamente a água contida num copo, desta vez na Fig.2.9, havendo um corpo imerso em seu interior:

Fig.2.9 – Corpo imerso em um líquido em equilíbrio, no caso água, e as forças verticais que ele recebe do líquido. Arquivo do autor.

[29] Simon Stevin (1548 – 1620)

[30] Arquimedes de Siracusa (287 aC – 212 aC)

Pelo Teorema de Stevin, o módulo da força $\vec{F}_2$ é maior do que o módulo da força $\vec{F}_1$, *sendo esta diferença igual ao módulo da resultante das forças que o líquido aplica sobre o corpo*, uma vez que as forças horizontais se cancelam mutuamente, pois numa mesma profundidade são iguais em módulo e possuem sentidos opostos. Essa resultante é chamada de *empuxo*, sendo esta força vertical para cima, pois $F_2 > F_1$. Ou seja:

$$E = F_2 - F_1 \qquad \text{Eq.6.9}$$

Da Equação 1.9, sabe-se que a diferença destes módulos é igual ao peso do fluido que ocupava o volume do corpo antes dele aí ser colocado, uma vez que estava em equilíbrio. Logo, *o módulo do empuxo é igual ao módulo do peso do fluido deslocado* pelo material, sendo este o enunciado do Princípio de Arquimedes, valendo tanto para líquidos como para gases:

$$E = m_{fluido} \times g \qquad \text{Eq.7.9}$$

Combinando as equações 7.9 com 1.8:

$$E = \rho_{fluido} \times V_{fluido} \times g \qquad \text{Eq.8.9}$$

Mas o volume de fluido deslocado é igual ao volume do corpo que foi nele imerso. Portanto:

$$E = \rho_{fluido} \times V_{corpo} \times g \qquad \text{Eq.9.9}$$

Esta é a fórmula que permite calcular a força de empuxo e que, comparando-se com o peso real do corpo, nos permite definir, com base na Segunda Lei de Newton, o movimento do corpo imerso em um fluido. Ou seja, a força resultante que atua num corpo imerso em um fluido é:

$$\vec{F}_R = \vec{P} + \vec{E} = m\vec{a} \qquad \text{Eq.10.9}$$

Importante ressaltar que esta soma é vetorial, pois as duas forças estarão sempre em sentidos opostos, de modo que o módulo da resultante é igual à diferença dos módulos destas duas forças, como mostra a Figura 3.9:

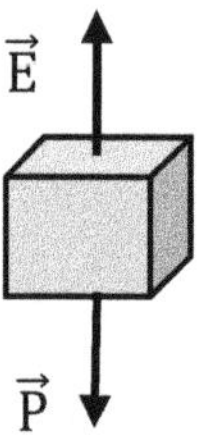

Fig.3.9 – As duas forças concorrentes aplicadas num corpo imerso em um fluido: peso para baixo e empuxo para cima.

Temos, portanto, as seguintes situações possíveis para um corpo imerso em um fluido em equilíbrio:

$$P > E \rightarrow desce\ acelerado$$

$$P < E \rightarrow sobe\ acelerado$$

$$P = E \rightarrow equilíbrio\ (repouso\ ou\ MRU)$$

No caso de o corpo estar em movimento num fluido, outras forças aparecem, como a *resistência viscosa*, por exemplo. Para baixas velocidades estas forças podem ser desprezadas e não serão consideradas neste capítulo.

Princípio de Pascal

Este princípio, enunciado por Pascal[31] em 1652, é o que explica o funcionamento das prensas hidráulicas. Consideremos um tubo em forma de U e de áreas distintas em suas extremidades, fechadas por êmbolos móveis e preenchido com um líquido, como mostra a Figura 4.9:

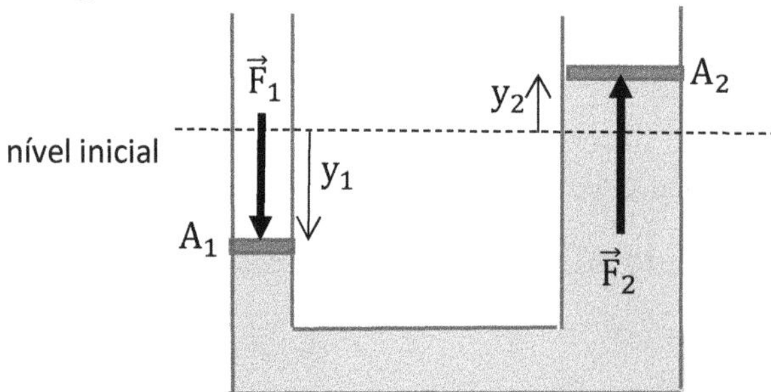

Fig.4.9 – Tubo em U com extremidades de áreas distintas fechadas com êmbolos móveis, havendo um líquido homogêneo entre eles.

[31] Blaise Pascal (1623 – 1662)

Seja uma força $\vec{F}_1$ aplicada sobre o êmbolo de menor área, no caso A_1, deslocando o líquido de uma distância y_1 para baixo e que, na outra extremidade, faz o líquido se deslocar uma distância y_2 para cima, graças à força $\vec{F}_2$ aplicada sobre o êmbolo de maior área, no caso A_2, em sentido contrário à $\vec{F}_1$. Se desprezarmos as perdas de energia que podem ocorrer em razão do atrito dos êmbolos e do líquido com as paredes do tubo, é lícito aceitar que haverá conservação de energia no processo, de modo que o trabalho realizado sobre o êmbolo 1 é igual ao trabalho realizado sobre o êmbolo 2.

Considerando as forças $\vec{F}_1$ e $\vec{F}_2$ constantes, o trabalho por elas realizado nestes deslocamentos é:

$$W = F_1 y_1 = F_2 y_2 \qquad \text{Eq.11.9}$$

Ou então:

$$\frac{F_1}{F_2} = \frac{y_2}{y_1} \qquad \text{Eq.12.9}$$

Ou seja, a razão entre os módulos das forças é igual ao inverso da razão entre os deslocamentos.

Devido à incompressibilidade dos líquidos, é justo considerarmos também que o volume de líquido deslocado no tubo de área menor é igual ao volume deslocado no tubo de área maior. Considerando o nível inicial como referência (linha tracejada na Figura 4.9), podemos então escrever:

$$\Delta V_1 = \Delta V_2 \rightarrow A_1 y_1 = A_2 y_2 \rightarrow \frac{A_1}{A_2} = \frac{y_2}{y_1} \qquad \text{Eq.13.9}$$

Combinando as Equações 12.9 e 13.9:

$$\frac{F_1}{F_2} = \frac{A_1}{A_2} \qquad \text{Eq.14.9}$$

Rearranjando a Equação 14.9 e aplicando a Equação 4.8:

$$\frac{F_1}{A_1} = \frac{F_2}{A_2} \leftrightarrow p_1 = p_2 \qquad \text{Eq.15.9}$$

Conclusão: *as pressões exercidas em cada êmbolo são iguais*. Esta é a essência do Princípio de Pascal, com a ressalva de que só é válida para fluidos incompressíveis, como os líquidos, em equilíbrio e não havendo dissipação de energia.

Uma consequência importante deste princípio é que, num fluido incompressível, *qualquer pressão que lhe é exercida se comunica a todos os seus pontos*. Voltando à Equação 5.9, o cálculo da pressão total em um ponto do líquido à uma profundidade h da superfície inclui a pressão na superfície, representada na equação por p_{sup}, não importando a profundidade. Isto é, *o valor da pressão na superfície do líquido se transmite a todos os seus pontos internos*, conforme reza o Princípio de Pascal.

A aplicação deste princípio é enorme, e uma delas se verifica na *prensa hidráulica*, utilizada em levantamento de grandes pesos, como mostra a Figura 5.9, caso particular de um posto de abastecimento para veículos:

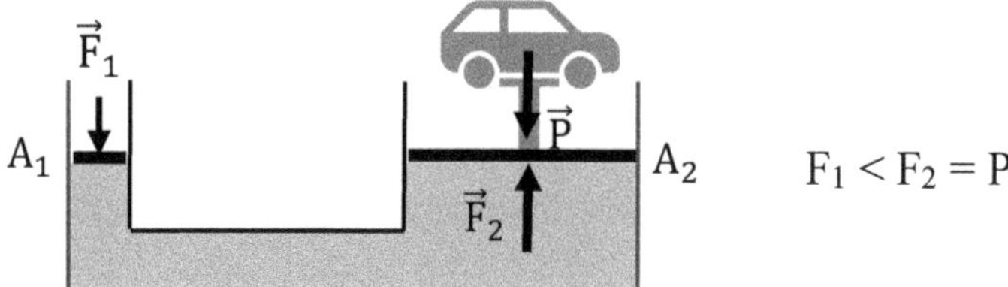

Fig.5.9 – Modelo de uma prensa hidráulica utilizada em postos de abastecimento automotivo. O módulo da força aplicada no êmbolo A_1 é inferior ao módulo da força necessária para equilibrar o peso P do veículo.

A Equação 15.9 mostra que a razão entre as forças aplicadas sobre os êmbolos está na mesma razão das áreas deles. Assim, no caso da Figura 5.9, se $A_2 = 10\ A_1$, a força $\vec{F}_1$ para equilibrar um veículo de 500 kg (4900 N) terá um módulo de 490 N, correspondendo ao peso de um corpo de 50 kg.

EXERCÍCIOS MODELOS

1) Uma piscina contém água em repouso. Sendo 1 kg/L a densidade absoluta da água, 9,8 m/s^2 a aceleração da gravidade e 100 kPa a pressão atmosférica na superfície da água, determine a pressão hidrostática e a pressão total à 5 metros de profundidade.

Resolução

Primeiramente transformemos a unidade da densidade absoluta para o Sistema Internacional:

$$10\ \frac{\text{kg}}{\text{L}} = 10^4\ \frac{\text{kg}}{\text{m}^3}$$

A pressão hidrostática ou manométrica, é a pressão exercida apenas pela água. Pelo Princípio de Stevin:

$$p_{\text{hid}} = \rho g h = 10^4 \times 9{,}8 \times 5 \rightarrow p_{\text{hid}} = 490\ \text{kPa}$$

A pressão total ou absoluta se obtém somando este valor com a pressão na superfície:

$$p = p_{\text{sup}} + p_{\text{hid}} = 100 + 490 \rightarrow p = 590\ \text{kPa}$$

2) Considere três recipientes com formatos diferentes, embora com mesma área da base, preenchidos com água à mesma altura:

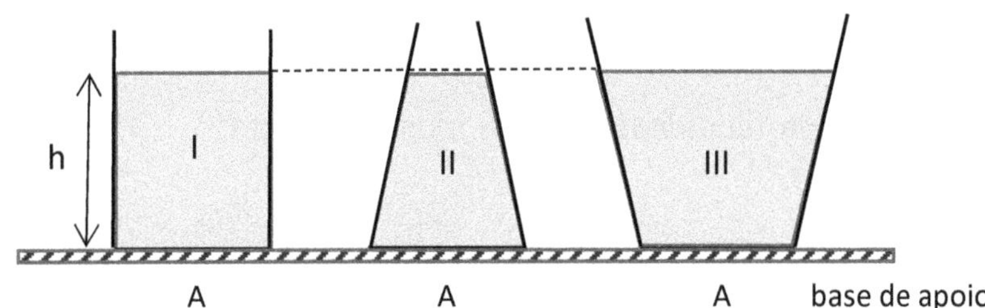

Compare a pressão hidrostática exercida no fundo dos recipientes com a pressão exercida por eles na base de apoio. São iguais ou diferentes?

Resolução

Nos três recipientes a densidade e a altura da água, bem como a aceleração da gravidade, são as mesmas, portanto, pelo Teorema de Stevin, a pressão hidrostática é a mesma no fundo dos três recipientes, além da pressão total, pois a pressão do meio ambiente na superfície também é a mesma para os três recipientes. No entanto, como as quantidades de água nos três recipientes são diferentes, sendo maior no recipiente III e menor no II, os pesos também serão diferentes, desde que desprezemos os pesos dos recipientes vazios. Como a área de contato com a base é a mesma nos três, segue que, para o peso maior (III) a pressão é maior, enquanto no peso menor (II) a pressão é menor. Ou seja, sendo p_h a pressão hidrostática e p_b a pressão dos recipientes na base de apoio, tem-se:

$$p_{h_1} = p_{h_2} = p_{h_3} \qquad \text{e} \qquad p_{b_{III}} > p_{b_I} > p_{b_{II}}$$

Essa diferença é conhecida como *paradoxo hidrostático*, pois, à primeira vista, a pressão hidrostática deveria ser maior em III e menor em II. Ocorre que, em III, parte do peso da água é suportado pelas paredes inclinadas, aliviando a força que o líquido exerce na base, enquanto em II as paredes inclinadas atuam no sentido contrário, ou seja, pressionam a água contra a base, aumentando a intensidade da força contra ela e compensando o menor peso da água. Ao fim, as pressões hidrostáticas exercidas no fundo interior dos três recipiente são as mesmas, embora os pesos de água aplicados numa base idêntica são diferentes.

3) Um reservatório contém água até uma altura de 10 m, e uma de suas paredes verticais possui 5 m de largura. Determine a força que a água exerce sobre esta parede (desconsiderando a pressão atmosférica), e o ponto de aplicação da força resultante sobre ela.

Resolução

Considere um elemento diferencial de área com formato retangular, de largura 5 m e espessura dh e à uma profundidade h, como mostra a figura:

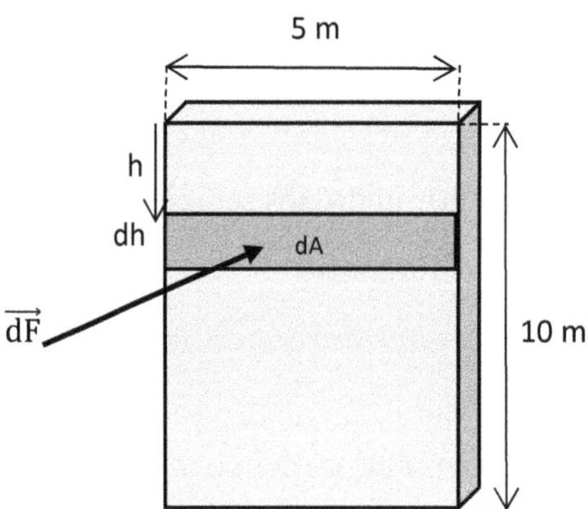

O elemento de área é $dA = 5dh$, e a pressão hidrostática sobre esse elemento é $p = \rho gh$.

Sendo $d\vec{F}$ o elemento de força aplicado sobre esse elemento de área e aplicando a Equação 4.8 na forma integral:

$$F = \int_0^{10} pdA = 5\int_0^{10} \rho ghdh$$

Considerando densidade da água 10^3 kg/m^3 e aceleração da gravidade 9,8 m/s^2:

$$F = 5 \times 10^3 \times 9{,}8 \int_0^{10} h dh = 49 \times 10^3 \times \left(\frac{h^2}{2}\right)\Bigg|_0^{10}$$

$$F = 2450 \text{ kN}$$

Calcula-se agora o torque produzido pelo elemento de força $d\vec{F}$, tomando como referência um ponto na superfície da água:

$$\tau = \int_0^F h dF = \int_0^A h p dA = \int_0^{10} h \rho g h 5 dh = 5 \rho g \int_0^{10} h^2 dh$$

$$\tau = 5 \times 10^3 \times 9{,}8 \times \left(\frac{h^3}{3}\right)\Bigg|_0^{10} \rightarrow \tau \cong 16{,}33 \text{ MN}$$

Considerando a superfície da água como referência, calcula-se a profundidade de aplicação da força $\vec{F}$, utilizando a fórmula que define o torque:

$$\tau = FH \rightarrow H = \frac{\tau}{F} = \frac{16{,}33 \times 10^6}{2450 \times 10^3} \rightarrow H = 6{,}665 \text{ m}$$

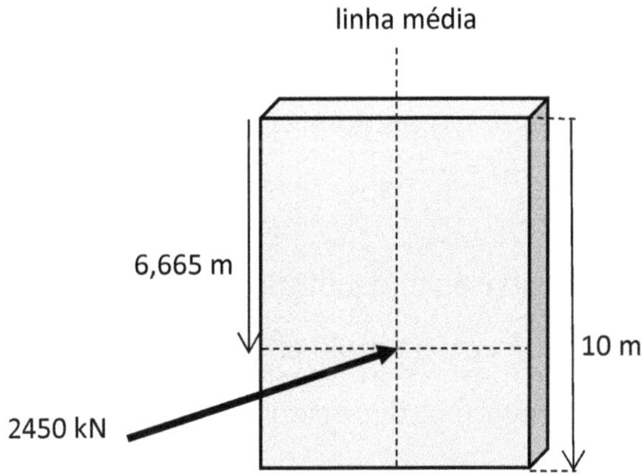

Tudo se passa como se uma única força valendo 2450 kN fosse aplicada sobre a linha média da parede e à uma profundidade de 6,665 m.

4) Num tubo em forma de U e com as extremidades abertas, são despejados dois líquidos imiscíveis e com densidades absolutas diferentes ρ_1 e ρ_2, como mostra a figura:

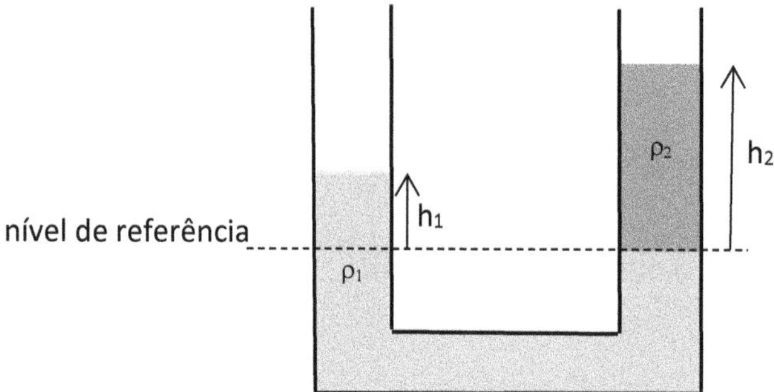

Com a condição de que os dois líquidos estão em equilíbrio, estabeleça uma relação entre as densidades absolutas ρ_1 e ρ_2 com as alturas h_1 e h_2, sendo estas contadas à partir da interface entre os dois líquidos (nível de referência).

Resolução

Como as extremidades estão abertas ao meio ambiente, a pressão na superfície dos dois líquidos é a mesma, assim como a aceleração da gravidade. No nível de referência a pressão total é a mesma nos dois lados do tubo, visto estarem em equilíbrio. Aplicando o Princípio de Stevin para se calcular a pressão neste nível, tem-se:

$$p_{sup} + \rho_1 g h_1 = p_{sup} + \rho_2 g h_2 \rightarrow \rho_1 h_1 = \rho_2 h_2$$

$$\frac{\rho_1}{\rho_2} = \frac{h_2}{h_1}$$

Conclui-se que, para dois líquidos imiscíveis em equilíbrio dispostos nesta geometria, a razão entre as densidades absolutas é o inverso da razão entre as alturas dos dois líquidos, sendo estas alturas contadas a partir da interface de separação entre eles. Como na figura $h_2 > h_1$, então $\rho_2 < \rho_1$.

5) Uma esfera de raio 2,0 cm inteiramente feita de alumínio, é colocada em repouso dentro da água. Abandonada nesta posição, discuta o movimento que ela vai adquirir.

Resolução

Desprezando forças viscosas, apenas o peso da esfera (para baixo) e o empuxo (para cima), atuarão sobre a esfera.

O volume da esfera é:

$$V = \frac{4}{3}\pi \times (2 \times 10^{-2})^3 \rightarrow V \cong 33{,}5 \times 10^{-6}\ \text{m}^3$$

Com a densidade absoluta do alumínio (Anexo V), pode-se calcular a massa da esfera, utilizando a Equação 1.8:

$$m = dV = 2{,}5 \times 10^3 \times 33{,}5 \times 10^{-6} \rightarrow m = 0{,}8375\ \text{kg}$$

Calculando a força de empuxo pela Equação 9.9 e adotando densidade absoluta da água igual a $1{,}0 \times 10^3\ \text{kg/m}^3$:

$$E = 1{,}0 \times 10^3 \times 33{,}5 \times 10^{-6} \times 9{,}8 \rightarrow E = 0{,}3283\ \text{N}$$

Para o peso:

$$P = mg = 0{,}8375 \times 9{,}8 \rightarrow P = 8{,}2075\ \text{N}$$

Portanto a resultante atuando na esfera é:

$$F_R = P - E = 7{,}8792\ \text{N vertical para baixo}$$

Logo, a esfera desce com movimento retilíneo uniformemente acelerado. Aplicando a Segunda Lei de Newton, calcula-se o módulo desta aceleração:

$$a = \frac{F_R}{m} = \frac{7{,}8792}{0{,}8375} \rightarrow a = 9{,}408\ \text{m/s}^2$$

A diferença do peso com o empuxo P – E também é chamada de *peso aparente*.

6) Uma esfera de raio 5,0 cm feita inteiramente com um tipo de isopor (50 kg/m^3), flutua na superfície da água. Determine o volume da esfera que permanece submerso.

Resolução

O volume total dessa esfera é:

$$V = \frac{4}{3}\pi(5 \times 10^{-2})^3 \cong 104{,}72 \times 10^{-6}\ \text{m}^3$$

Sua massa e peso são, então:

$$m = dV = 50 \times 104{,}72 \times 10^{-6} \rightarrow m = 5{,}236 \times 10^{-3}\ \text{kg}$$

$$P = mg = 5{,}236 \times 10^{-3} \times 9{,}8 \rightarrow P = 51{,}3128 \times 10^{-3}\ \text{N}$$

A força de empuxo é, pela Equação 9.9:

$$E = d_{ág} \times V_{sub} \times g = 1{,}0 \times 10^3 \times V_{sub} \times 9{,}8 \rightarrow E = 9{,}8 \times 10^3 \times V_{sub}$$

Como a esfera está flutuando, o peso e o empuxo possuem o mesmo módulo, ou E = P. Assim:

$$9{,}8 \times 10^3 V_{sub} = 51{,}3128 \times 10^{-3} \rightarrow V_{sub} = 5{,}236 \times 10^{-6}\ \text{m}^3$$

$$V_{sub} = 5{,}236\ \text{mL}$$

7) Uma prensa hidráulica é dotada com dois êmbolos, sendo um de área 1,0 m^2 e outro 50 cm^2. Qual o valor da massa que deve ser apoiada no êmbolo menor, para equilibrar um bloco de 50 kg apoiado sobre o êmbolo maior?

Resolução

Aplicando o Princípio de Pascal (Equação 15.9):

$$\frac{F_{menor}}{A_{menor}} = \frac{F_{maior}}{A_{maior}} \rightarrow \frac{mg}{50 \times 10^{-4}} = \frac{50g}{1{,}0}$$

$$m = 0{,}25\ \text{kg} = 250\ \text{g}$$

Repare que, no lugar dos pesos em cada êmbolo, pode-se substitui-los pelos respectivos valores das massas, uma vez que a aceleração da gravidade g é cancelada na igualdade.

PROBLEMAS PROPOSTOS

Quando preciso, adotar módulo da aceleração da gravidade igual a 9,8 m/s^2

1) A maior profundidade marítima registrada até o momento é conhecida como Fossa Mindanao ou Fossa das Marianas, localizada no Oceano Pacífico e nas cercanias do arquipélago das Filipinas, possuindo 11 km de profundidade. Considerando a pressão atmosférica ao nível do mar igual a 10^5 Pa e a densidade absoluta da água do mar igual à da água pura, determine para o ponto mais profundo desta fossa:

a) a pressão hidrostática b) a pressão total

2) Um mergulhador dispõe de um medidor de pressão manométrica e, numa determinada profundidade enquanto mergulha na água considerada em equilíbrio, lê o valor 5,0 bar. Determine a profundidade em que se encontra.

3) Um copo contém mercúrio líquido em equilíbrio, até uma altura de 10 cm. Determine a pressão hidrostática que ele exerce no fundo do copo.

4) A figura mostra três reservatórios A, B e C, contendo um mesmo líquido e à mesma altura da base dos três:

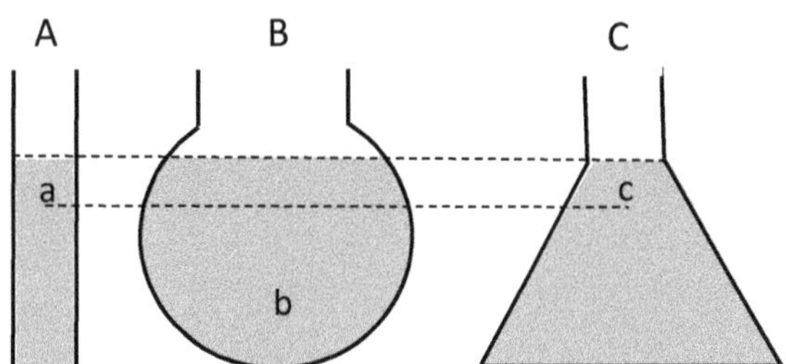

Estabeleça uma comparação entre as pressões nos pontos a, b, c.

5) Sendo a pressão arterial de um paciente igual a 100 mmHg, determine a altura mínima h de soro fisiológico (1,1 g/mL) para permitir a inoculação intravenosa. Desconsidere a pressão atmosférica.

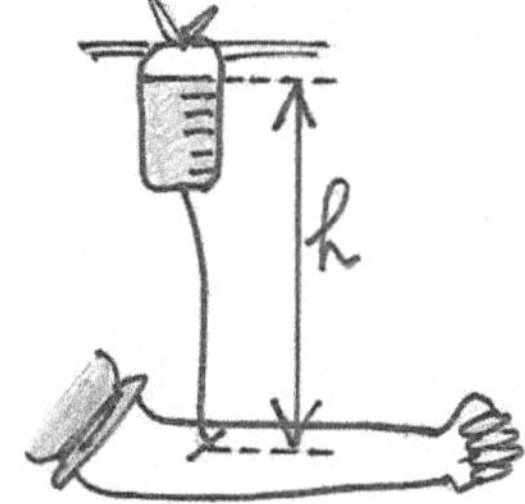

6) As figuras mostram dois tubos em forma de U, onde em I estão presentes água e óleo (0,8 g/cm^3) separados por uma interface, enquanto em II estão presentes água, óleo (0,8 g/cm^3) e mercúrio, separados por duas interfaces:

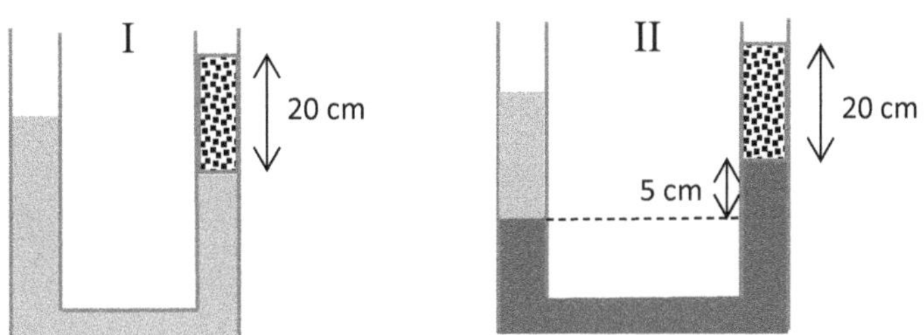

Estando todos os líquidos em equilíbrio, determine a altura da coluna de água em I e II, sabendo que a altura da coluna de óleo é 20 cm nos dois casos, e o desnível entre as interfaces em II é igual a 5 cm.

7) Um reservatório com 10 metros de largura contém água em equilíbrio até uma altura de 20 metros, como mostra a figura:

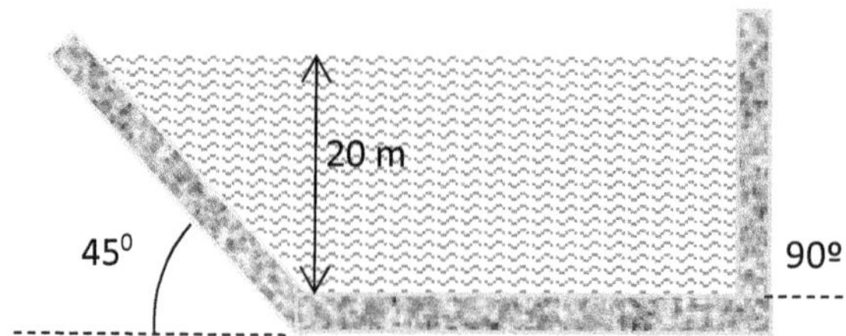

Determine:

a) a expressão da pressão hidrostática em função da profundidade h

b) a força e o torque resultantes na parede vertical, tomando como referência a superfície da água

c) a profundidade do ponto de aplicação da força resultante na parede vertical

d) o torque na parede inclinada de 45°, tomando como referência a superfície da água

8) Um submarino está parado dentro da água e a 300 m de profundidade, como mostra a figura. Tendo 500 toneladas, determine:

a) a pressão manométrica a que está submetido

b) seu volume

9) Um bloco cúbico de madeira com arestas iguais a 5 cm, é colocado em repouso totalmente dentro da água em equilíbrio. Sendo a densidade absoluta da madeira igual a 0,6 g/cm^3 e após o bloco ser abandonado, determine:

a) a força de empuxo

b) a força e a aceleração resultantes

c) o volume do bloco que permanece submerso após flutuar em equilíbrio

d) a variação da força de empuxo desde o início até o final

10) No exercício anterior, determine peso mínimo que deve ser colocado sobre o bloco de madeira, para submergi-lo completamente (considere o peso acima da linha da água).

11) A figura mostra duas esferas maciças e em repouso, ambos com raios 3 cm, presas por um fio ideal. A esfera A, feita de vidro (2,2 g/cm^3), é sustentado por uma boia através de um fio, enquanto a esfera B, feita de madeira (0,5 g/cm^3), é mantida presa por um fio que, por sua vez, tem a outra extremidade presa ao fundo.

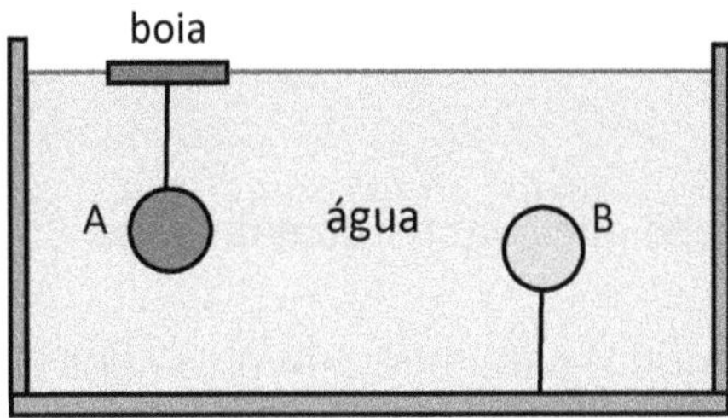

Determine:

a) os módulos T_A e T_B das forças de tração em cada esfera

Após os fios serem cortados, determine:

b) as acelerações que as esferas adquirem

c) a intensidade da força de contato da esfera A com o fundo, após permanecer em repouso

d) a fração volumétrica percentual da esfera B que permanece submersa quando atinge o estado de flutuação

12) Uma casca esférica feita de alumínio é totalmente preenchida com um polímero (0,8 g/cm^3). O raio da esfera é 6 cm e a espessura da casca é 0,3 cm.

Determine:

a) a massa total da esfera b) a densidade absoluta da esfera

c) o módulo e o sentido da aceleração que a esfera adquire após ser largada em repouso dentro de água em equilíbrio

d) caso ela venha a flutuar, determine o volume que permanece submerso e, caso ela toque no fundo do recipiente que contém a água, determine a intensidade desta força de contato

13) Um balão de volume constante e igual a 2 m^3, contém gás hélio e está em meio ao ar atmosférico. Sabendo que o balão vazio tem 10 kg, determine:

a) o peso do balão quando cheio com gás hélio

b) o empuxo que recebe

c) o peso aparente do balão

d) o módulo e sentido da aceleração que adquire quando solto

e) a força de tração (módulo e sentido) para mantê-lo preso por uma corda

14) Numa prensa hidráulica de êmbolos circulares, o raio do menor tem 40 cm, enquanto o do maior tem 1,50 m. Sabendo que sobre o êmbolo maior existe um bloco com 80 kg, qual a massa que deve ser colocada sobre o êmbolo menor para equilibrar o conjunto?

15) Numa prensa hidráulica, as áreas dos êmbolos são 4 cm^2 e 8 cm^2, sendo que inicialmente ambos estão nivelados, havendo óleo entre eles, cuja densidade é 0,8 g/cm^3. Colocando-se um bloco de 2,0 kg sobre o êmbolo menor, haverá transferência de óleo de um tubo para outro, de modo a desnivelar os êmbolos, como mostra a figura:

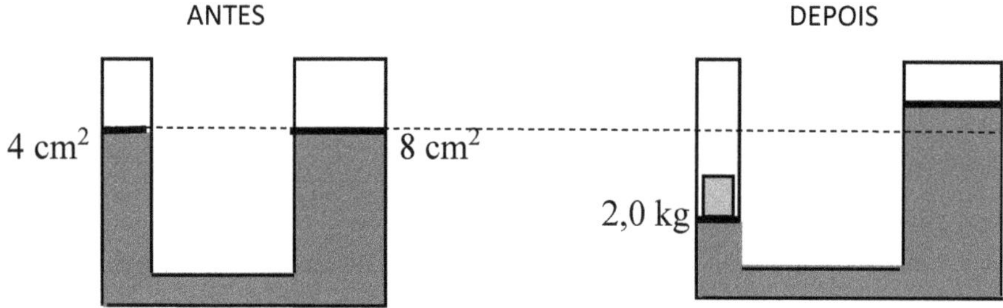

Desprezando os pesos dos êmbolos, determine:

a) o volume de óleo transferido de um tubo a outro

b) a distância vertical entre os dois êmbolos após o equilíbrio ser restabelecido

CAPÍTULO 10

FLUIDOS EM MOVIMENTO

- FLUIDODINÂMICA
- TIPOS DE ESCOAMENTO
- TUBOS E LINHAS DE CORRENTE
- VAZÕES DE MASSA E DE VOLUME
- A EQUAÇÃO DA CONTINUIDADE
- A EQUAÇÃO DE BERNOULLI

Fluidodinâmica

A Mecânica dos Fluidos se completa com o estudo dos fluidos em movimento ou com a Fluidodinâmica, embora dentro de restrições. Com efeito, não serão analisados neste capítulo movimento de fluidos que não atendam certas condições, destacadas a seguir.

Tipos de escoamento

Estacionário

Aqui a velocidade em cada ponto do fluido se mantém constante em módulo, direção e sentido, embora possa mudar para outros pontos do fluido. A Figura 1.10 representa esse tipo de escoamento:

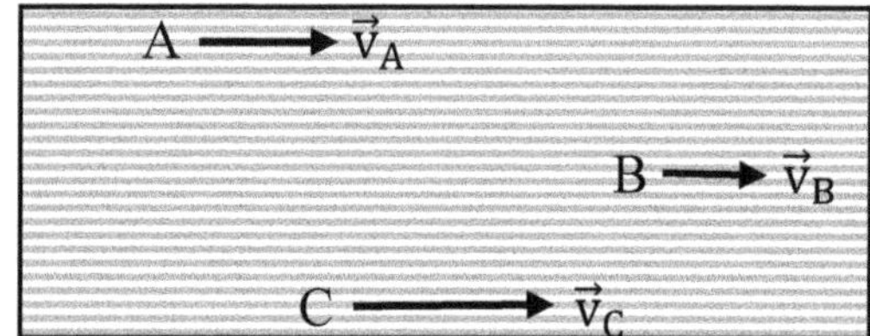

Fig.1.10 – Representação de um escoamento estacionário. No ponto fixo A o vetor velocidade $\vec{v}_A$ é constante, o mesmo ocorrendo com $\vec{v}_B$ e $\vec{v}_C$, embora possam ser diferentes entre si.

Mantendo-se uma torneira aberta, o movimento da água percorrendo a tubulação conectada à essa torneira é uma aproximação de um escoamento estacionário.

Incompressível

Se verifica quando a densidade absoluta do fluido é a mesma em todos os seus pontos, não importando outras propriedades como velocidade e pressão. O escoamento de um líquido é um exemplo, diferentemente dos gases, cuja densidade pode variar num escoamento.

Viscoso

Quando o fluido apresenta *viscosidade*, a resistência ao escoamento aumenta. A goma arábica, por exemplo, é mais viscosa do que a água e que, por sua vez, é mais viscosa do que o ar. A viscosidade é, nos fluidos, similar ao atrito entre os sólidos.

A Figura 2.10 mostra a diferença de viscosidade entre líquidos de diferentes composições químicas:

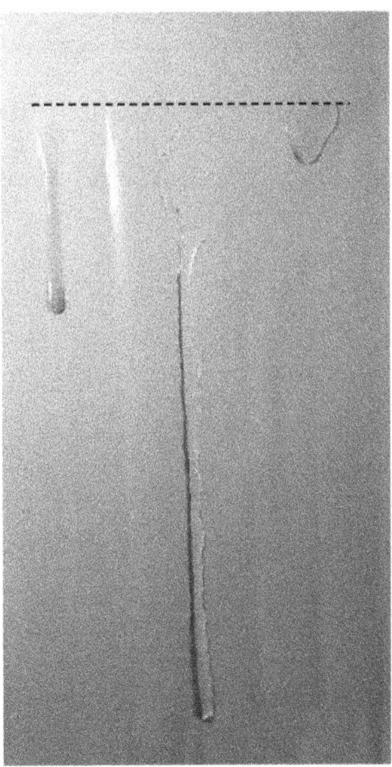

Figura 2.10 – Gotas com diferentes viscosidades escorrendo sobre um plano inclinado, sendo maior na gota da direita e menor na do centro. Arquivo do autor.

Laminar

Quando o movimento do fluido pode ser separado em lâminas individualizadas e sem que ocorra troca de matéria entre elas, o escoamento é chamado de *laminar*. A água de um rio se movendo lentamente é um exemplo aproximado. A Figura 3.10 representa um escoamento desse tipo:

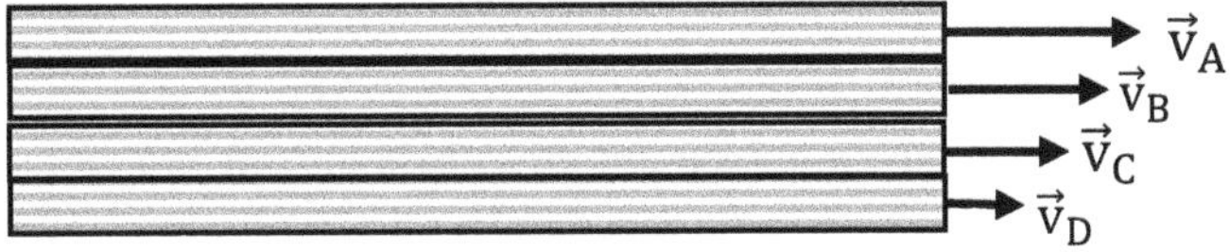

Fig.3.10 – Movimento de um fluido subdividido em lâminas individualizadas. Repare que as velocidades delas podem ser diferentes entre si.

Num escoamento laminar a velocidade do fluido diminui à medida que se aproxima de uma superfície imóvel, até se anular em contato com ela. Esse é o *Princípio da Aderência*, e a Figura 4.10 mostra o perfil de velocidade de um escoamento laminar sobre uma superfície fixa:

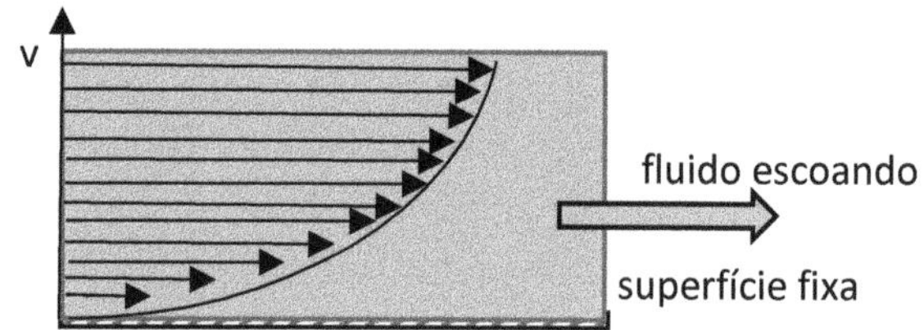

Fig.4.10 – Perfil de velocidades de um fluido escoando em regime laminar e à partir de uma superfície fixa. No ponto de contato com a superfície a velocidade do fluido é igual a zero, conforme reza o Princípio da Aderência.

Turbulento

O contrário do escoamento laminar é o turbulento. Neste caso, as partículas que compõem o fluido possuem movimento aleatório e independente uma da outra, de modo que não há como dividir o fluido em lâminas individualizadas.

A Figura 5.10 mostra uma representação onde se distingue um escoamento laminar de um turbulento e uma comparação com a fumaça nascendo de uma ponta acesa de cigarro:

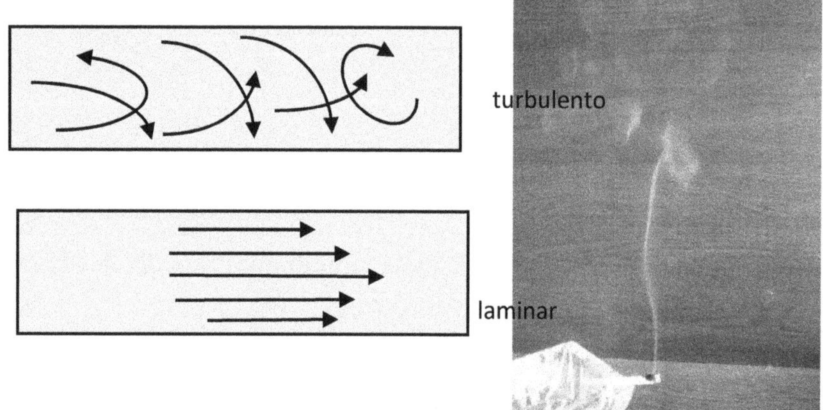

Fig.5.10 – Representação que compara um escoamento laminar com um turbulento, e analogia com a fumaça proveniente da ponta acesa de um cigarro. Arquivo do autor.

Tubos e linhas de corrente

No caso de um fluido que se move em regime estacionário ou laminar, pode-se estabelecer uma linha imaginária chamada *linha de corrente*, onde os elementos do fluido que nela percorrem se mantém nela o tempo todo. Em outras palavras, as linhas de corrente que podem ser estabelecidas não se cruzam em nenhum ponto. Um conjunto fechado de linhas de corrente forma um *tubo de corrente*, como mostra a Figura 6.10:

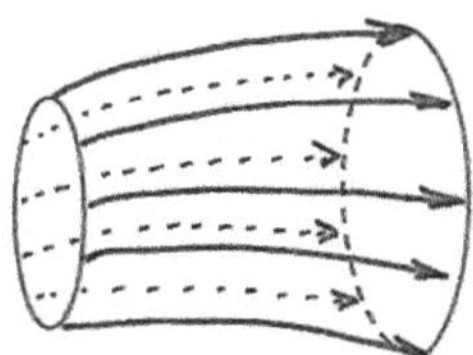

Fig.6.10 – Um tubo de corrente definido por linhas de corrente.

Vazões de massa e de volume

Duas grandezas frequentemente presentes no estudo da Mecânica dos Fluidos são a *vazão de massa* e a *vazão de volume*.

A vazão de massa ou vazão mássica é definida pela razão entre a quantidade de massa Δm do fluido que atravessa uma seção transversal do escoamento, pelo intervalo de tempo Δt:

$$Q_m = \frac{\Delta m}{\Delta t} \qquad 1.10$$

Portanto, no Sistema Internacional a vazão de massa é medida em kg/s.

À nível diferencial, a vazão de massa é definida por[32]:

$$\dot{m} = Q_m = \frac{dm}{dt} \qquad 2.10$$

[32] A simbologia $\dot{m}$ indica derivada da massa em relação ao tempo.

Analogamente, a vazão de volume ou vazão volumétrica é definida pela razão entre o volume ΔV de fluido que atravessa uma seção transversal de escoamento, pelo intervalo de tempo Δt:

$$Q_v = \frac{\Delta V}{\Delta t} \qquad 3.10$$

Logo, no Sistema Internacional a vazão de volume é medida em m^3/s.

Combinando as Equação 1.10 com 3.10 e aplicando a Equação 1.8, se estabelece a relação entre a vazão de massa com a vazão de volume:

$$Q_m = \frac{\Delta m}{\Delta t} = \frac{\rho \Delta V}{\Delta t} \rightarrow Q_m = \rho Q_v \qquad 4.10$$

A equação da continuidade

Uma equação de suma importância no estudo da Mecânica dos Fluidos em regime estacionário é a *equação da continuidade*. O próprio nome diz respeito à preservação de alguma coisa durante o fluxo, e na ausência de fontes ou absorvedores no percurso, é seguro afirmar que a *vazão de massa* é constante ao longo do fluxo. Ou seja, é constante a razão entre uma quantidade de massa Δm que atravessa uma seção transversal de um tubo de corrente pelo intervalo de tempo Δt. Fazendo uma analogia com uma mangueira caseira, a vazão de massa que nela entra é a mesma que sai. Se isso não ocorresse, haveria acréscimo ou redução de água dentro da mangueira ao longo do tempo.

Considere um tubo de corrente onde, na entrada de seção transversal A_1, uma quantidade de massa dm percorre uma distância dx_1 num intervalo de tempo dt, passando na saída de área A_2 e percorrendo uma distância dx_2, como mostra a Figura 7.10:

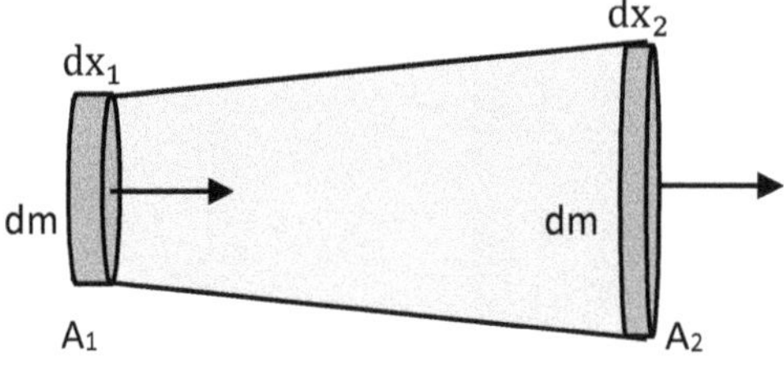

Fig.7.10 – Uma quantidade diferencial de massa dm atravessando um tubo de corrente com área variável, em regime estacionário.

Considerando constante a vazão de massa e combinando a Equação 1.8 com a Equação 2.10:

$$\left(\frac{dm}{dt}\right)_1 = \left(\frac{dm}{dt}\right)_2 \rightarrow \rho_1 \frac{dV_1}{dt} = \rho_2 \frac{dV_2}{dt}$$

onde ρ_1 e ρ_2 são as massas específicas e dV_1 e dV_2 os elementos de volume do fluido que atravessam as áreas A_1 e A_2, respectivamente, no intervalo de tempo dt.

Considerando o elemento de volume dV como o produto da área A pelo elemento de distância percorrida dx, e a razão do elemento de distância dx pelo intervalo de tempo dt como sendo a velocidade do fluido na respectiva área, chega-se a:

$$\rho_1 \frac{A_1 dx_1}{dt} = \rho_2 \frac{A_2 dx_2}{dt} \rightarrow \rho_1 A_1 v_1 = \rho_2 A_2 v_2$$

Deduz-se que *é constante o produto entre a massa específica do fluido com sua velocidade e com a área que atravessa em regime estacionário*. Essa é a equação da continuidade:

$$\rho A v \equiv \text{constante} \qquad 5.10$$

No caso de fluidos com massa específica constante, como ocorre com líquidos, $\rho_1 = \rho_2$, de modo que a equação da continuidade se simplifica. Ou seja, o produto entre a área e a velocidade com que o fluido a atravessa é constante:

$$Av \equiv \text{constante} \qquad 6.10$$

Entende-se agora o porquê de a velocidade da água aumentar quando se comprime a saída de uma mangueira. A Equação 6.10 mostra que área e velocidade são inversamente proporcionais num fluxo estacionário de um fluido incompressível.

A equação de Bernoulli

Esta equação, atribuída a Daniel Bernoulli[33], é restrita a *fluidos incompressíveis escoando em regime estacionário e sem dissipação de energia*. Embora sendo um caso particular, esta equação é amplamente aplicada em escoamento de líquidos.

[33] Daniel Bernoulli (1700 – 1782).

Para demonstrá-la, considere o tubo de corrente da Figura 8.10:

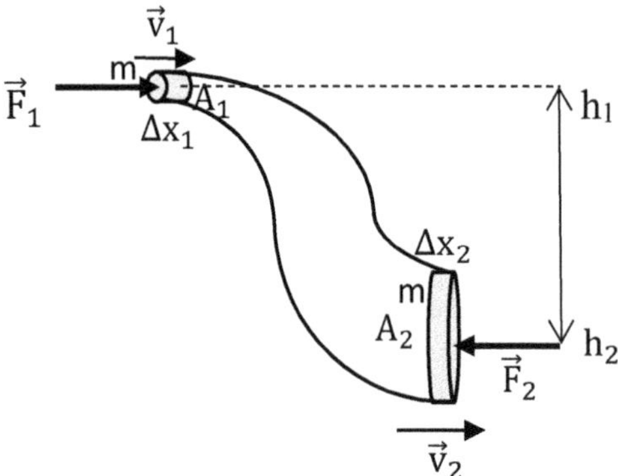

Fig.8.10 – Tubo de corrente de fluido incompressível em regime estacionário e sem dissipação de energia.

Considere a entrada de uma quantidade de massa m do fluido incompressível numa seção transversal de área A_1 com velocidade v_1 e numa cota h_1, saindo numa seção transversal de área A_2 com velocidade v_2 e numa cota h_2. O trabalho realizado para forçar a entrada do fluido é W_1 e para vencer a força de resistência na saída é W_2, enquanto o trabalho do peso ao longo do escoamento é W_g. Aplicando o Teorema da Energia Cinética:

$$W_R = \Delta K \rightarrow W_1 + W_2 + W_g = \frac{1}{2}mv_2^2 - \frac{1}{2}mv_1^2 \qquad 7.10$$

Considerando os sentidos das forças $\vec{F}_1$ e $\vec{F}_2$, os trabalhos são:

$$W_1 = F_1\Delta x_1 \quad \text{e} \quad W_2 = -F_2\Delta x_2$$

O sinal negativo do trabalho W_2 é porque a força $\vec{F}_2$ se opõe ao movimento de saída. Considerando a Equação 4.8 relacionando força e pressão:

$$W_1 = p_1A_1\Delta x_1 \quad \text{e} \quad W_2 = -p_2A_2\Delta x_2$$

O produto da área A pelo deslocamento Δx é o volume do elemento de massa m, que é constante tanto na entrada como na saída, pois o fluido é incompressível:

$$W_1 = p_1\Delta V \quad \text{e} \quad W_2 = -p_2\Delta V$$

O trabalho do peso na descida do fluido é positivo, e é definido por

$$W_P = mg(h_1 - h_2)$$

Se o movimento fosse ascendente, $W_P = mg(h_2 - h_1) < 0$.

Voltando à Equação 7.10:

$$p_1\Delta V - p_2\Delta V + mg(h_1 - h_2) = \frac{1}{2}mv_2^2 - \frac{1}{2}mv_1^2$$

Aplicando a Equação 1.8 e considerando a massa específica do fluido ρ:

$$p_1\Delta V - p_2\Delta V + \rho\Delta Vgh_1 - \rho\Delta Vgh_2 = \frac{1}{2}\rho\Delta Vv_2^2 - \frac{1}{2}\rho\Delta Vv_1^2$$

A igualdade é simplificada cancelando ΔV, e rearranjando os termos:

$$p_1 + \rho gh_1 + \frac{1}{2}\rho v_1^2 = p_2 + \rho gh_2 + \frac{1}{2}\rho v_2^2$$

Esta é a *equação de Bernoulli* para fluidos incompressíveis em regime estacionário e com conservação de energia:

$$p + \rho gh + \frac{1}{2}\rho v^2 \equiv \text{constante} \qquad 8.10$$

EXERCÍCIOS MODELOS

1) Na saída de uma torneira, 400 g de água passam num intervalo de 2 s. Determine:

a) a vazão de massa b) a vazão de volume

Resolução

a) aplicando a Equação 1.10:

$$Q_m = \frac{400}{2} = 200\ \frac{g}{s}$$

b) Aplicando a Equação 4.10:

$$Q_v = \frac{Q_m}{\rho} = \frac{200}{1{,}0} = 200\ \frac{cm^3}{s}$$

2) Na entrada de uma mangueira com área de 2,0 cm^2, a água passa com uma velocidade dc 1,5 m/s. Determine a velocidade da água na saída da mangueira, sabendo que essa extremidade é estrangulada para uma área de 1,2 cm^2.

<u>Resolução</u>

Aplicando a Equação 6.10 da continuidade para fluido incompressível:

$$2 \times 1{,}5 = 1{,}2\text{v}_2 \rightarrow \text{v}_2 = 2{,}5\ \text{m/s}$$

Repare que não houve necessidade de passar a unidade da área para o Sistema Internacional. Na Equação da Continuidade é preciso apenas que, para as mesmas grandezas, o sistema de unidades seja o mesmo.

3) Num tubo de escoamento estacionário, um gás de densidade absoluta 0,1 g/cm^3 entra com velocidade 5,0 m/s através de uma seção com 1,5 cm^2. Sabendo que na saída com seção de 2,0 cm^2 o gás passa com velocidade 4,0 m/s, determine sua densidade absoluta na saída.

<u>Resolução</u>

Aplicando a Equação 5.10 da continuidade na sua forma geral:

$$0{,}1 \times 5 \times 1{,}5 = \rho_2 \times 4 \times 2 \rightarrow \rho_2 = 0{,}09375\ \frac{\text{g}}{\text{cm}^3}$$

4) Um aparelho especialmente construído para medir a velocidade de um fluido incompressível escoando é conhecido como *tubo de Venturi* ou *medidor de Venturi*:

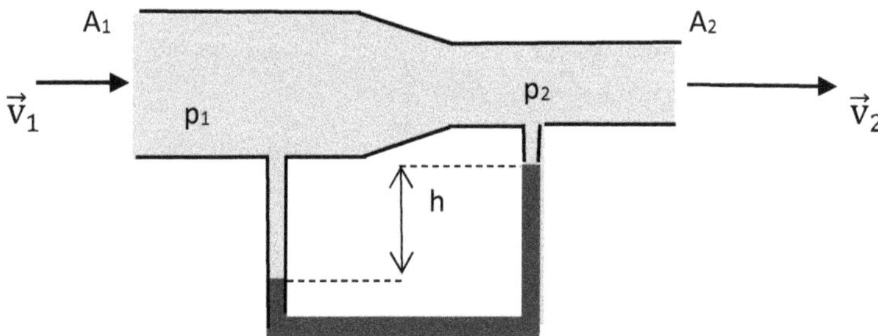

Nesse tubo o fluido entra com velocidade de módulo v_1 numa seção transversal A_1, passando logo após para uma seção de área A_2 diferente de A_1 (normalmente menor) com uma velocidade de módulo v_2. Sendo incompressível, a densidade absoluta ρ_f do fluido é constante. Um tubo em forma de U preenchido com líquido é adaptado entre as duas seções, com o propósito de se medir a diferença de pressão entre os dois escoamentos.

Deduza uma fórmula para se medir a velocidade de escoamento v_1 do fluido.

Resolução

O tubo em U é preenchido com um líquido, para que se possa aplicar o Princípio de Stevin, que resulta:

$$p_1 = p_2 + \rho g h \rightarrow p_1 - p_2 = \rho g h$$

onde ρ é a densidade absoluta do líquido no tubo em U.

Aplicando a Equação da Continuidade para fluidos incompressíveis:

$$A_1 v_1 = A_2 v_2 \rightarrow v_2 = \frac{A_1}{A_2} v_1$$

Aplicando os dois resultados acima na Equação de Bernoulli e considerando as duas seções transversais na mesma cota:

$$p_1 + \rho_f \frac{v_1^2}{2} = p_2 + \rho_f \frac{v_2^2}{2} \rightarrow p_1 - p_2 = \frac{\rho_f}{2}(v_2^2 - v_1^2) \rightarrow$$

$$2\rho g h = \rho_F v_1^2 \left(\frac{A_1^2}{A_2^2} - 1\right) \rightarrow v_1 = \sqrt{\frac{2\rho g h}{\rho_f \left(\frac{A_1^2}{A_2^2} - 1\right)}}$$

5) Um reservatório é preenchido com um líquido, havendo uma torneira a uma profundidade h abaixo da superfície do líquido. Considerando a pressão do ambiente a mesma tanto na superfície como na saída da torneira e a área da superfície do líquido no reservatório muito maior do que a seção da torneira, deduza uma fórmula para estimar a velocidade de saída do líquido na torneira.

Resolução

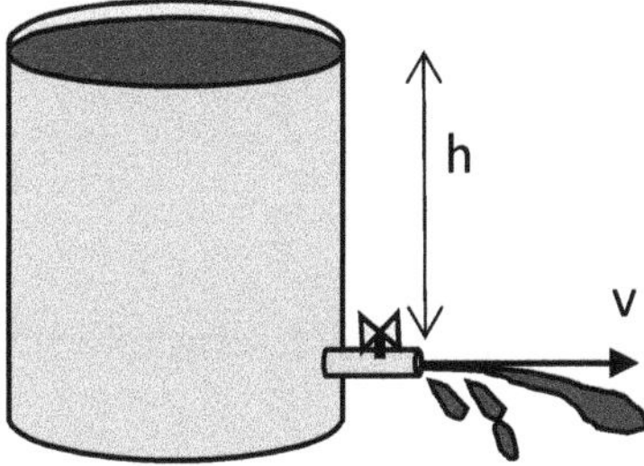

Aplicando a Equação de Bernoulli e considerando o nível da torneira como referência:

$$p_{amb} + \rho \frac{v_{sup}^2}{2} + \rho g h = p_{amb} + \rho \frac{v^2}{2}$$

A pressão do ambiente é a mesma nos dois lados da equação, de modo que é cancelada, e a velocidade do líquido na seção do reservatório é muito inferior quando comparada com a velocidade na saída da torneira, de modo que $v_{sup} \cong 0$. Com esta aproximação, a equação se simplifica:

$$\rho g h = \rho \frac{v^2}{2} \rightarrow v = \sqrt{2gh}$$

Ou seja, esta velocidade não depende da densidade do líquido ou da pressão do ambiente. Repare também na semelhança do resultado com a Equação de Torricelli para queda livre de corpos rígidos.

EXERCÍCIOS PROPOSTOS

Quando necessário, adotar aceleração da gravidade 9,8 m/s^2, densidade absoluta da água 10^3 kg/m^3 e densidade absoluta do ar 1,28 kg/m^3.

1) Considere um duto cilíndrico, por onde um fluido escoa em regime laminar:

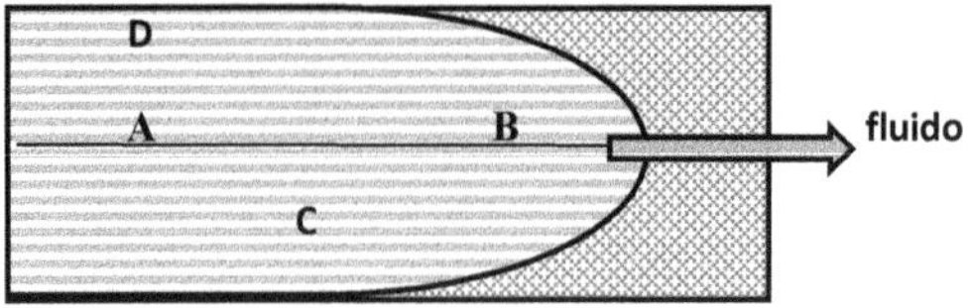

Compare as velocidades do fluido nos pontos A, B, C e D.

2) Julgue cada afirmação em Verdadeira ou Falsa, num escoamento estacionário:

I) numa linha de corrente, a velocidade do fluido em todos os seus pontos é a mesma

II) num ponto fixo de uma linha de corrente a velocidade do fluido é constante num regime estacionário

III) as linhas de corrente jamais se cruzam

IV) a vazão de massa em cada seção transversal é sempre a mesma

V) a vazão volumétrica em cada seção transversal é sempre a mesma

VI) num escoamento incompressível a vazão volumétrica é sempre a mesma

VII) não há passagem de massa nos limites de um tubo de corrente

VIII) a velocidade do fluido e a área da seção transversal são sempre inversamente proporcionais num regime estacionário

IX) a equação de Bernoulli só vale para fluidos incompressíveis

X) havendo perda de energia num escoamento, a equação de Bernoulli perde a validade

3) Demonstra-se que, no interior de um tubo cilíndrico de raio R, a velocidade de um fluido escoando em seu interior em regime laminar é dada por

$$v = v_{máx}\left(1 - \frac{r^2}{R^2}\right)$$

onde $v_{máx}$ é a velocidade do fluido no eixo do tubo e r a distância entre um ponto do fluido com o eixo, como mostra a figura:

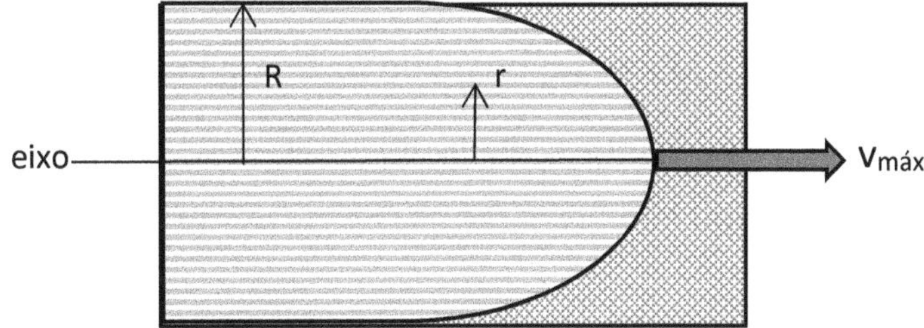

Sendo o raio do tubo igual a 5 cm e a velocidade máxima igual a 2 m/s, determine:

a) a velocidade do fluido à 2 cm do eixo

b) a velocidade do fluido à 5 cm do eixo

c) o valor de r para velocidade do fluido igual a 1,5 m/s

4) Por uma torneira passam 3 kg de água por minuto. Determine a vazão de massa e a vazão volumétrica no Sistema Internacional de Unidades.

5) Numa abertura, registra-se um fluxo para a água de 1,5 litro por minuto. Determine a quantidade de água, em gramas, que passa pela abertura em um segundo.

6) Considere o tubo da figura onde um líquido escoa:

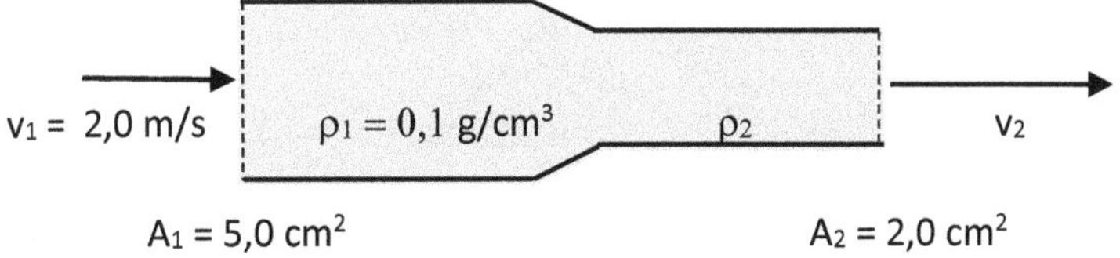

Sendo iguais as pressões nas duas seções, determine a velocidade e a densidade absoluta do líquido na saída.

7) A figura mostra o escoamento de um gás dentro de um tubo:

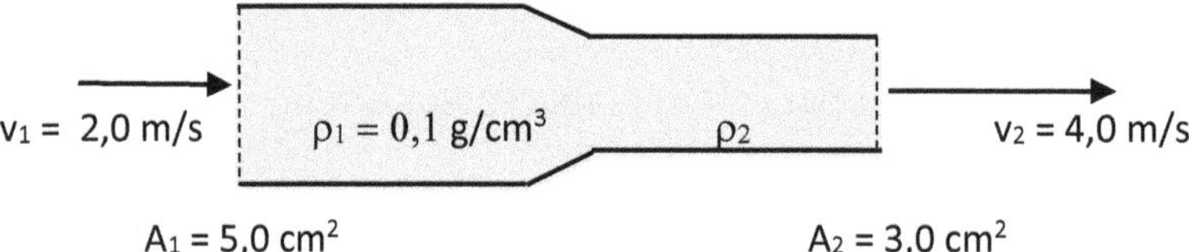

Determine a densidade absoluta ρ_2.

8) Um reservatório contém um líquido até uma altura de 20 metros de sua base. Um furo lateral é feito no casco do reservatório à uma altura de 5 metros, permitindo a saída do líquido. Considerando a pressão do ambiente a mesma em volta de todo reservatório e sendo a área da superfície do líquido dentro do reservatório muito maior do que a área do furo, determine a velocidade de saída do líquido através do furo.

9) Considere um reservatório de altura 50 cm, havendo um furo lateral 30 cm abaixo da superfície do líquido que, inicialmente, ocupa todo o volume interno do reservatório. Considere que a área do reservatório é muito maior do que a área dos furos, e que a pressão é a mesma em toda volta do reservatório. Sendo assim, determine:

a) o alcance inicial do líquido que sai do furo, até tocar o plano da base do reservatório

b) a profundidade que deve ser feito um segundo furo no casco do reservatório, para que o alcance do líquido seja igual ao do primeiro furo

10) Um grande reservatório de altura h está totalmente preenchido com um líquido de densidade ρ, posicionado no alto de uma elevação de altura H. Conectado à sua base inferior, um tubo desce até a base da elevação, de modo a conduzir o líquido, como mostra a figura:

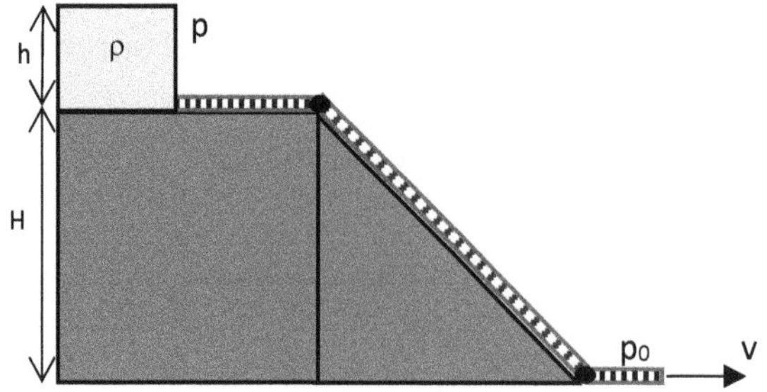

A aceleração da gravidade g é constante, ao passo que a pressão é p no alto do reservatório e p_0 na base da elevação. Desprezando as perdas energéticas, determine a velocidade v do líquido na saída do tubo.

11) Um tubo de seção transversal A_1 contém um líquido, além de um furo lateral de área A_2 obstruído por uma rolha, de modo que a distância inicial entre o furo e a superfície do líquido é H, como mostra a figura:

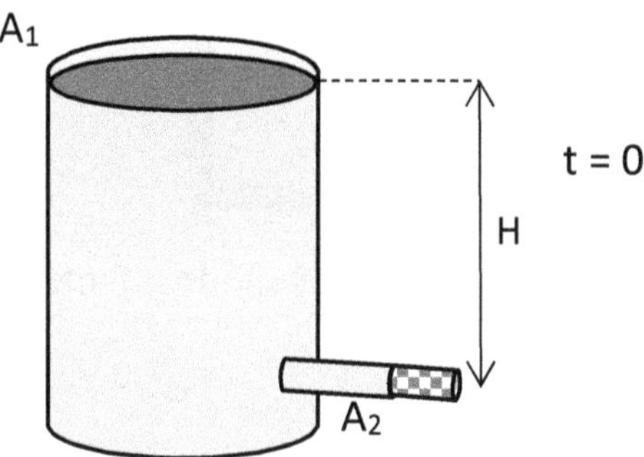

A pressão do ambiente tanto na superfície do líquido como na saída do furo é a mesma. Adotando $r = \frac{A_1}{A_2}$ e g como aceleração da gravidade, e após a rolha ser retirada no instante t = 0, demonstre que:

a) uma expressão da velocidade do líquido passando pelo furo em função do tempo t é

$$v_2 = r\left(\sqrt{\frac{2gH}{r^2 - 1}} - \frac{g}{r^2 - 1}t\right)$$

b) uma expressão do tempo para se escoar todo o líquido através do furo é

$$t = \sqrt{\frac{2H}{g}(r^2 - 1)}$$

Sugestão: considere h = f(t) a distância variável da superfície do líquido até o nível do furo e $y = H - h$ a distância percorrida pela superfície do líquido dentro do reservatório, cuja velocidade é $\frac{dy}{dt}$. Em seguida, combine as equações da continuidade com a de Bernoulli.

12) A partir da superfície de um reservatório de água tratada, uma bomba hidráulica exerce uma força de 500 N para que a água entre num tubo de seção transversal de 8 cm^2. O propósito é carregar uma caixa d'água disposta 20 m acima do nível da bomba. Sabendo que dentro da caixa d'água a seção do tubo é igual a 2 cm^2 e que a pressão atmosférica é 10^5 Pa, determine as velocidades de entrada e saída da água no tubo.

13) Considere o medidor de Venturi da figura:

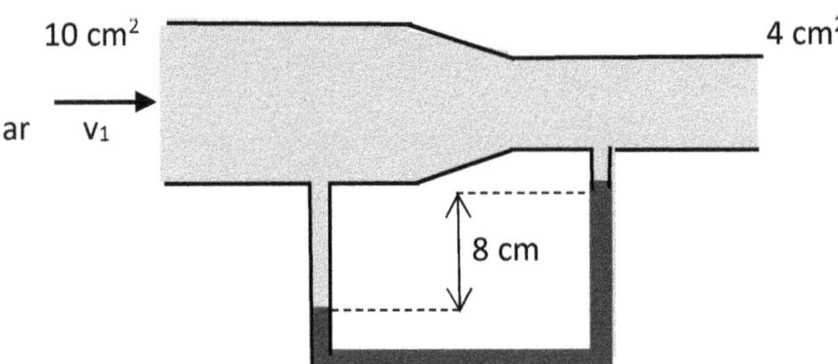

O fluido que entra no medidor é ar e o líquido no interior do tubo em U é água. Determine a velocidade v_1 de entrada do ar.

14) Outro medidor de velocidade de fluido e que é adaptado em asas de avião é o *tubo de Pitot*:

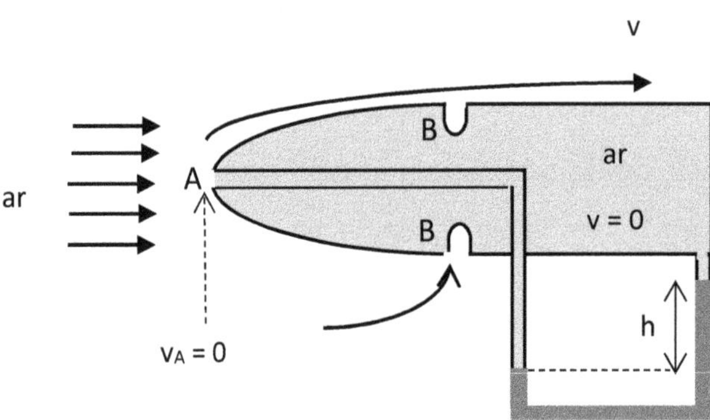

Supondo ar parado para um referencial inercial, a velocidade $\vec{v}$ do ar é relativamente ao avião. Para o referencial inercial, portanto, consiste na velocidade do avião em sentido contrário. O dispositivo apresenta uma abertura frontal (A) e aberturas laterais (B), onde o ar pode entrar no tubo, de modo a ficar parado em seu interior. No entanto, a pressão do ar parado na entrada frontal é maior do que o ar parado que entra pelas aberturas laterais. O tubo em U contém um líquido de densidade absoluta conhecida, que permite calcular a diferença de pressão nas suas extremidades pelo Teorema de Stevin. Com base no Princípio de Bernoulli, demonstre que a velocidade do avião pode ser estimada por

$$v = \sqrt{\frac{2\rho_l g h}{\rho_{ar}}}$$

onde ρ_l é a densidade absoluta do líquido no tubo em U.

<u>Sugestão</u>: aplique o Princípio de Bernoulli na linha de corrente que, na figura dada, passa acima do tubo

15) Num tubo de Pitot adaptado à asa de um avião, verifica-se um desnível do líquido de 30 cm. Sendo a densidade do líquido igual a 1,4 $\frac{g}{cm^3}$ e do ar $1{,}28 \times 10^{-3} \frac{g}{cm^3}$, estime a velocidade do avião.

16) Num tubo de Pitot adaptado à asa de um avião, verifica-se um desnível do líquido de 25 cm. Adotando densidade absoluta do ar $1{,}28 \times 10^{-3} \frac{g}{cm^3}$ e velocidade do avião 1440 km/h, estime a densidade do líquido no tubo.

17) A figura mostra um tubo de diâmetro variável, percorrido por um líquido. Nos tubos verticais abertos em A e B o líquido se encontra em repouso. O diâmetro do tubo é 20 cm em A e 2,0 cm em B, e a pressão atmosférica é igual na parte superior dos dois tubos verticais.

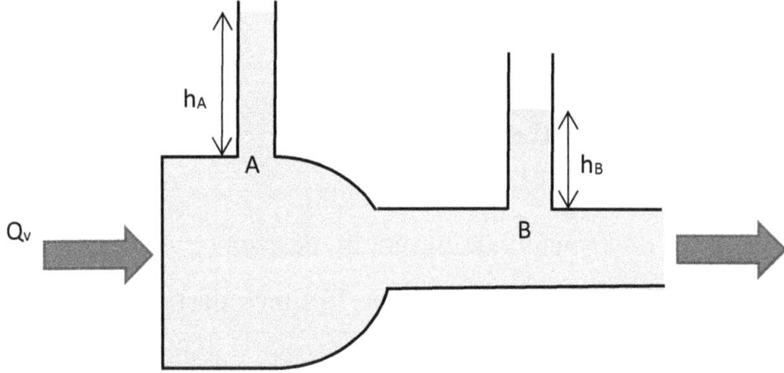

Sendo 0,5 L/s a vazão volumétrica Q_V do líquido, determine:

a) as velocidades do líquido nas seções A e B

b) a diferença de altura $h_A - h_B$ nos tubos verticais

c) a vazão de massa

18) A figura mostra um tubo de diâmetro variável, transportando um líquido desde a parte mais baixa até a mais alta, havendo um desnível H entre as duas partes:

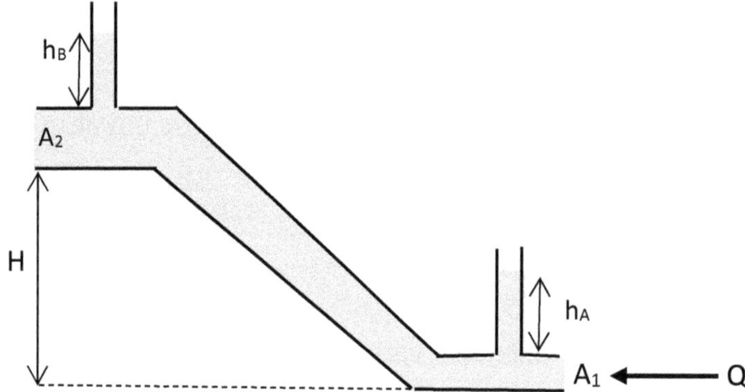

Sabendo que a pressão externa é a mesma em todas as partes e a vazão volumétrica é Q, demonstre a expressão para a diferença de alturas das colunas do líquido nos tubos verticais:

$$h_A - h_B = H + \frac{Q^2}{2A_1A_2}(A_1^2 - A_2^2)$$

19) Entre as várias aplicações do Princípio de Bernoulli, destaca-se a que se aproveita na construção de asas de aviões. A figura mostra um perfil típico desta peça, bem como o sentido do fluxo de ar que passa pela asa por cima e por baixo durante um voo:

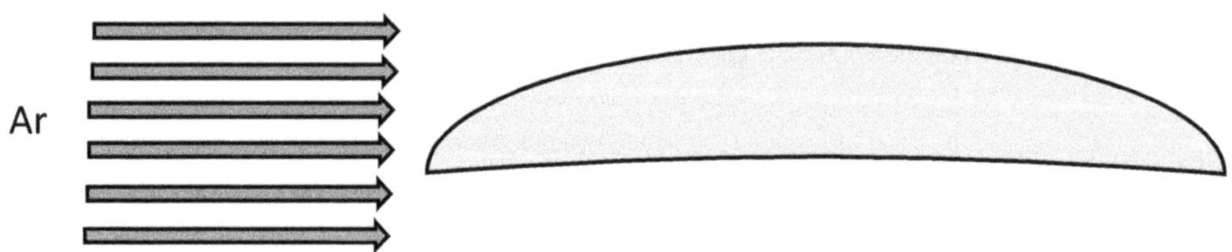

Com base nesta figura e no princípio supracitado, como se explica a vantagem de se construir uma asa de avião com este perfil?

CAPÍTULO 11

BALANÇO DE MASSA E ENERGIA

- VOLUME DE CONTROLE
- BALANÇO DO FLUXO DE MASSA
- ESCOAMENTO UNIDIMENSIONAL
- BALANÇO DO FLUXO DE ENERGIA
- REGIME TRANSIENTE
- APLICAÇÕES

Quando se pretende estudar a massa e energia envolvidas num sistema termodinâmico, convém se adotar algumas providências preliminares. A primeira delas e que se revela extremamente útil, é o estabelecimento de um *volume de controle* envolvendo convenientemente o sistema em estudo.

Volume de controle

O volume de controle VC corresponde a um espaço tridimensional de dimensão e forma variáveis, que envolve todo o sistema em estudo e que permite a passagem de massa e energia por suas fronteiras.

A Figura 1.11 mostra duas representações de um sistema envolvido por um volume de controle e uma aplicação:

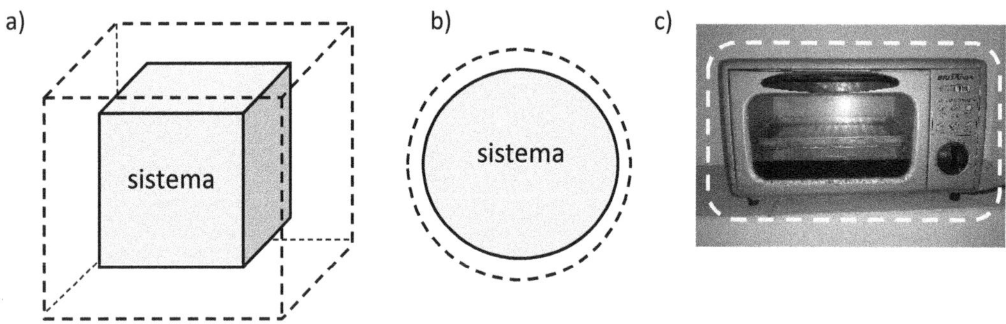

Fig.1.11 – Representações de volume de controle (linhas tracejadas): em (a) tridimensional, em (b) num plano; em (c) envolvendo um forno elétrico caseiro. Arquivo do autor.

Repare que o volume de controle não precisa ser do mesmo formato do sistema. Ele deve envolver completamente o sistema, podendo ter forma e volume variados à vontade.

A Figura 2.11 mostra uma representação de fluxos de massa e energia atravessando um volume de controle envolvendo um sistema:

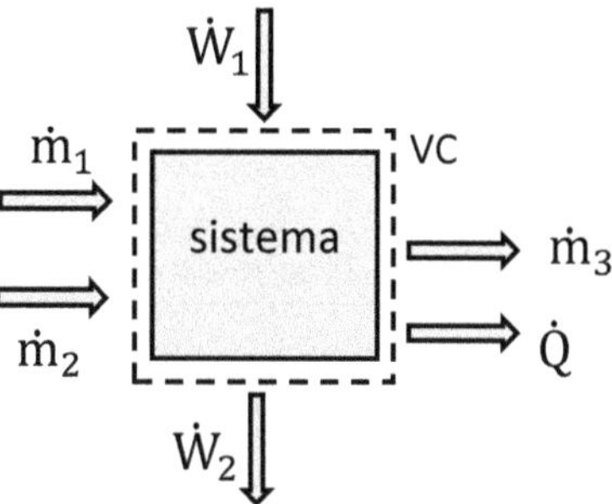

Fig.2.11 – Representação de um volume de controle envolvendo um sistema, com fluxos de energia (trabalho e calor) e fluxos de massa atravessando a fronteira do volume de controle[34].

Como será visto adiante, convém analisar o balanço de massa e energia atravessando o volume de controle em termos de taxas ou fluxos, ou seja, a quantidade de massa e energia por unidade de tempo.

Balanço do fluxo de massa

Seja um volume de controle onde o fluxo de massa total de entrada é $\sum \dot{m}_e$ e o fluxo de massa total de saída é $\sum \dot{m}_s$. A variação de massa em relação ao tempo no interior deste volume de controle é dada por:

$$\frac{dm_{vc}}{dt} = \sum \dot{m}_e - \sum \dot{m}_s \qquad 1.11$$

Quando o *regime é permanente ou estacionário, não há variação de massa dentro do volume de controle com o tempo*, de modo que:

$$\frac{dm_{vc}}{dt} = 0 \leftrightarrow \sum \dot{m}_e = \sum \dot{m}_s \qquad 2.11$$

[34] A notação $\dot{m}$, $\dot{Q}$ e $\dot{W}$ representam taxa da variação com o tempo da massa, da quantidade de calor e de trabalho, respectivamente, ou $\frac{dm}{dt}$, $\frac{dQ}{dt}$ e $\frac{dW}{dt}$.

Escoamento unidimensional

O escoamento de um fluido é chamado de *unidimensional*, quando se observam as seguintes condições:

1ª) *sua entrada e sua saída são perpendiculares à fronteira do volume de controle*

2ª) *as propriedades intensivas do fluido (pressão, velocidade, massa específica...) não variam nas seções de entrada e saída*

Balanço do fluxo de energia

No Capítulo 5 foi apresentada a Primeira Lei da Termodinâmica para sistemas fechados, ou seja, que não trocam matéria com o meio exterior. Num volume de controle a troca de matéria é permitida, de modo que a Primeira Lei, neste caso, deve ser estendida.

Consideremos o volume de controle VC da Figura 3.11:

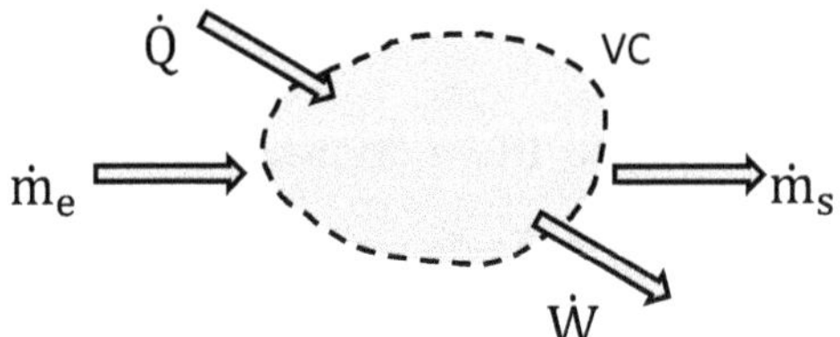

Fig.3.11 – Fluxos de massa e energia atravessando um volume de controle.

A variação de energia com o tempo no interior deste volume, deve agora levar em consideração a energia carregada pelo fluxo de massa que entra e que sai. As expressões da energia cinética e potencial gravitacional são conhecidas da Mecânica, enquanto a equação $E_i = \frac{3}{2}nRT$ para energia interna só vale para gases monoatômicos.

Considerando o volume de controle da Figura 3.11, a variação de energia com o tempo em seu interior é dada por:

$$\frac{dE_{vc}}{dt} = \dot{Q} - \dot{W} + \dot{E}_e - \dot{E}_s \qquad 3.11$$

onde $\dot{E}_e$ é a taxa de energia carregada pelo fluxo de massa na entrada e $\dot{E}_s$ é a taxa de energia carregada pelo fluxo de massa na saída.

A energia que um fluxo de massa pode carregar corresponde à soma da energia interna E_i com a energia cinética K e a energia potencial gravitacional U. Uma expressão para a energia carregada pelo fluxo de matéria é:

$$\dot{E} = \dot{m}\left(u + \frac{v^2}{2} + gy\right) \quad 4.11$$

onde u é a energia interna específica (energia interna dividida pela massa), v a velocidade, g a aceleração da gravidade e y a cota em relação à um nível de referência.

Assim, aplicando a Equação 4.11 na Equação 3.11:

$$\frac{dE_{vc}}{dt} = \dot{Q} - \dot{W} + \dot{m}_e\left(u_e + \frac{v_e^2}{2} + gy_e\right) - \dot{m}_s\left(u_i + \frac{v_s^2}{2} + gy_s\right) \quad 5.11$$

A taxa de trabalho $\dot{W}$ pode ser repartida em três componentes:

$$\dot{W} = \dot{W}_{f_s} - \dot{W}_{f_e} + \dot{W}_{vc} \quad 6.11$$

1ª) taxa de trabalho de entrada do fluxo de massa $\dot{W}_{f_e}$

2ª) taxa de trabalho de saída do fluxo de massa $\dot{W}_{f_s}$

3ª) outras formas de trabalho aplicadas sobre o volume de controle, como energia elétrica, energia mecânica etc., representadas por $\dot{W}_{vc}$

Aqui está sendo respeitada a convenção de sinais para trabalho: negativo para a entrada e positivo para a saída.

Assim, a Equação 5.11 se torna:

$$\frac{dE_{vc}}{dt} = \dot{Q} - \dot{W}_{vc} + \dot{W}_{f_e} - \dot{W}_{f_s} + \dot{m}_e\left(u_e + \frac{v_e^2}{2} + gy_e\right) - \dot{m}_s\left(u_i + \frac{v_s^2}{2} + gy_s\right) \quad 7.11$$

No escoamento unidimensional o trabalho de entrada e saída pode ser deduzido pela Equação 10.4, quando se considera pressão p e massa específica ρ constantes na entrada e na saída, de modo que:

$$\frac{dE_{vc}}{dt} = \dot{Q} - \dot{W}_{vc} + \frac{\dot{m}_e p_e}{\rho_e} - \frac{\dot{m}_s p_s}{\rho_s} + \dot{m}_e\left(u_e + \frac{v_e^2}{2} + gy_e\right) - \dot{m}_s\left(u_s + \frac{v_s^2}{2} + gy_s\right)$$

Colocando $\dot{m}_e$ e $\dot{m}_s$ em evidência:

$$\frac{dE_{vc}}{dt} = \dot{Q} - \dot{W}_{vc} + \dot{m}_e\left(u + \frac{p}{\rho} + \frac{v^2}{2} + gy\right)_e - \dot{m}_s\left(u + \frac{p}{\rho} + \frac{v^2}{2} + gy\right)_s \quad 8.11$$

Os índices *e* e *s* correspondem à entrada e saída, respectivamente, e a somatória $u + \frac{p}{\rho}$ é definida como *entalpia específica* h, de modo que a Equação 8.11 se reduz a:

$$\frac{dE_{vc}}{dt} = \dot{Q} - \dot{W}_{vc} + \dot{m}_e\left(h + \frac{v^2}{2} + gy\right)_e - \dot{m}_s\left(h + \frac{v^2}{2} + gy\right)_s \quad 9.11$$

Esta equação exprime o balanço de energia num volume de controle.

Para regimes permanentes ou estacionários, a taxa de energia no interior do volume de controle é nula, pois não há variação de energia com o tempo. Logo, e aplicando a Equação 9.11:

$$\dot{Q} - \dot{W}_{vc} + \dot{m}_e\left(h + \frac{v^2}{2} + gy\right)_e - \dot{m}_s\left(h + \frac{v^2}{2} + gy\right)_s = 0 \quad 10.11$$

para regimes permanentes.

Com relação às entalpias específicas, os valores são tabelados para fluidos comumente empregados como água, amônia, propano, refrigerante 234 etc.

No caso particular de a variação de energia cinética e potencial gravitacional serem desprezíveis, a Equação 10.11 se reduz a:

$$\dot{Q} - \dot{W}_{vc} + \dot{m}_e h_e - \dot{m}_s h_s = 0 \quad 11.11$$

Uma simplificação ainda maior ocorre quando o fluxo de massa de entrada é igual ao de saída. Assim, para $\dot{m}_e = \dot{m}_s = \dot{m}$:

$$\dot{Q} - \dot{W}_{vc} + \dot{m}(h_e - h_s) = 0 \quad 12.11$$

Quando existem mais de uma entrada e mais de uma saída para as taxas de calor, trabalho e fluxos de massa, a Equação 9.11 assume sua forma mais abrangente. Para o caso de n entradas e m saídas:

$$\frac{dE_{vc}}{dt} = \sum \dot{Q} - \sum \dot{W}_{vc} + \sum_{i=1}^{n}\left[\dot{m}_i\left(h_i + \frac{v_i^2}{2} + gy_i\right)\right]_e - \sum_{i=1}^{m}\left[\dot{m}_i\left(h_i + \frac{v_i^2}{2} + gy_i\right)\right]_s$$

13.11

Regime transiente

Um escoamento é chamado de *transiente* quando a energia interna varia com o tempo, de modo que $\frac{dE_{vc}}{dt} \neq 0$. Tal situação é típica de ocorrer no acionamento ou desligamento de dispositivos como motores, turbinas, compressores etc. Aplicando a Equação 13.11 e dispensando o intervalo de tempo dt comum a todos os membros:

$$\Delta E = \sum Q - \sum W + \sum_{i=1}^{n} \left[m_i \left(h_i + \frac{v_i^2}{2} + gy_i \right) \right]_e - \sum_{i=1}^{m} \left[m_i \left(h_i + \frac{v_i^2}{2} + gy_i \right) \right]_s$$

Eq.14.11

Aplicações

As equações 13.11 e 14.11 são convenientes para serem aplicadas em situações reais, entre as quais destacamos algumas à seguir.

Turbina

Turbina é um engenho constituído por pás unidas por um eixo comum e que giram quando por elas passa um fluido. O movimento das pás gera potência, podendo ser elétrica ou na forma de trabalho, conforme está representado na Figura 4.11:

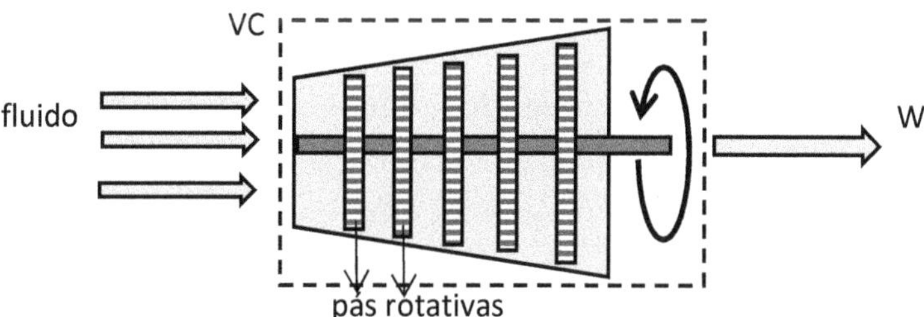

Fig.4.11 – Esquema de uma turbina envolvida por um volume de controle.

Uma turbina ideal em regime estacionário não troca calor com o meio ambiente, de modo que $\frac{dE_{vc}}{dt} = 0$ e $\dot{Q} = 0$. Assim, considerando o volume de controle envolvendo toda turbina e aplicando a Equação 10.11:

$$-\dot{W} + \dot{m}\left(h_e - h_s + \frac{v_e^2 - v_s^2}{2} \right) = 0 \qquad 15.11$$

onde h e v são a entalpia específica e a velocidade do fluido, respectivamente.

Repare que, neste caso, $\dot{m}_e = \dot{m}_s = \dot{m}$ e $y_e = y_s$, de modo que não há variação apreciável da energia potencial gravitacional.

Trocador de calor

Um trocador de calor típico consiste num reservatório no qual duas correntes, formadas por gases ou líquidos à temperaturas diferentes, trocam calor no seu interior e em regime estacionário. A Figura 5.11 mostra o esquema de um *trocador de calor duplo contracorrente*, onde os fluidos trocam calor entre si em sentidos opostos, mas sem haver contato direto entre eles:

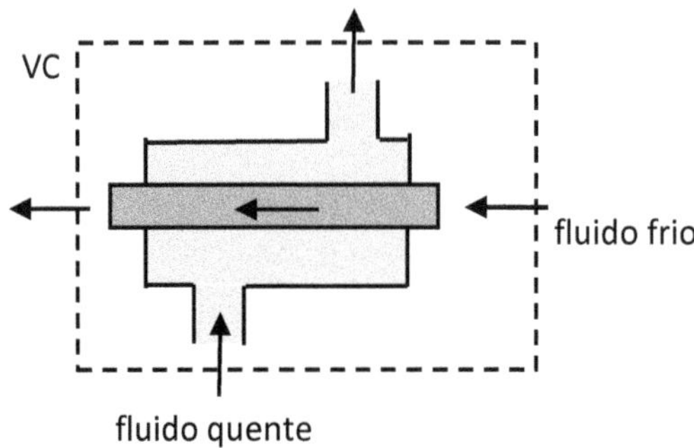

Fig.5.11 – Esquema de um trocador de calor contracorrente.

Se a troca de calor ocorrer apenas entre os dois fluidos, não haverá troca de calor com o meio externo ao volume de controle, além de também não haver variação apreciável de energia cinética ou gravitacional dos fluidos. Logo, e aplicando a Equação 10.11:

$$0 = \dot{m}_1(h_{1e} - h_{1s}) + \dot{m}_2(h_{2e} - h_{2s}) \qquad 16.11$$

onde o índice 1 se refere a um dos fluidos, e o índice 2 ao outro.

Pode ocorrer que parte do calor trocado seja utilizado para fora do trocador. Neste caso o termo $\dot{Q}$ deverá ser acrescentado na Equação 16.11.

Armazenagem de ar num reservatório

Essa operação pode ser feita através de um compressor preenchendo um reservatório com ar, como mostra o esquema da Figura 6.11:

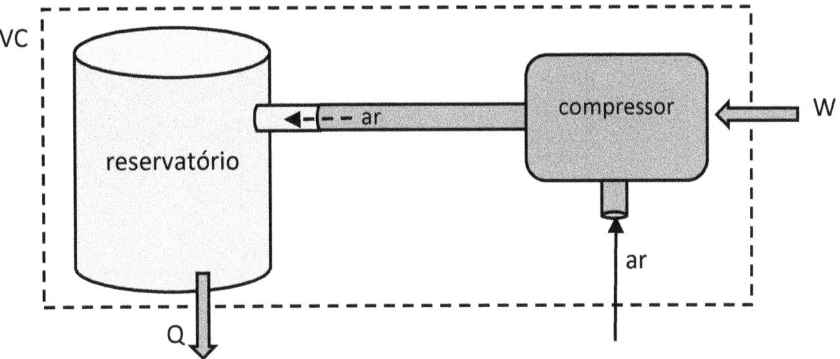

Fig.6.11 – Esquema de um compressor enchendo de ar um reservatório.

Como não há saída de ar do reservatório, a energia interna se altera até atingir um valor final, caracterizando um regime transiente. Considerando o volume de controle envolvendo o compressor e o reservatório, verifica-se que atravessa sua fronteira um fluxo de massa de ar, a energia que aciona o compressor e o calor transferido pelo conteúdo do reservatório.

Nestas condições e aplicando a Equação 14.11:

$$\Delta E = Q - W + m_e h_e \qquad 17.11$$

Para o caso particular de um reservatório inicialmente evacuado, não há realização de trabalho durante o preenchimento de gás e a energia e entalpia internas são nulas no início. Assim, a variação de energia ΔE pode ser considerada como a variação da energia interna $\Delta U = m_e \Delta u = m_e u$, onde u é a energia interna específica final. Assim, a Equação 17.11 se torna:

$$m_e u = Q + m_e h \qquad 18.11$$

onde h é a entalpia específica final do gás.

EXERCÍCIOS MODELOS

1) Um sistema é formado por uma câmara contendo um êmbolo móvel, havendo ar em seu interior. Considere dois volumes de controle VC 1 e VC 2, como mostra a figura:

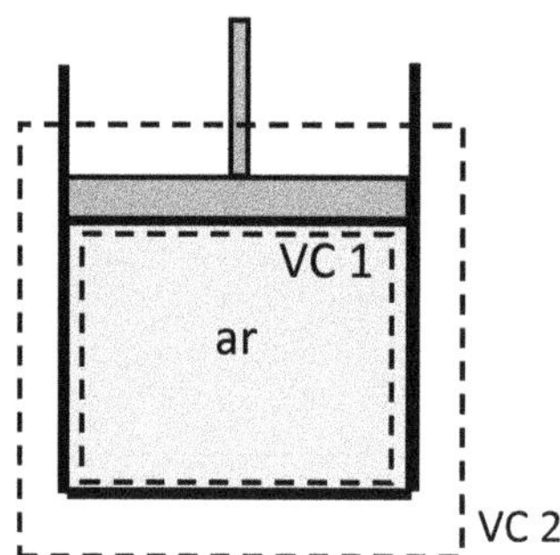

Digamos que uma quantidade de calor Q seja fornecida ao ar, de modo que um trabalho W é realizado. Estabelecer um balanço de energia levando-se em conta os dois volumes de controle separadamente.

Resolução

VC 1: Apenas o ar dentro da câmara está incluído. Assim, e aplicando a Primeira Lei da Termodinâmica, o calor fornecido se transforma em trabalho e variação da energia interna do gás:

$$\Delta U = Q - W$$

VC 2: Estão inclusos neste volume de controle o ar e o êmbolo, cuja energia potencial gravitacional varia à medida que sobe ou desce. Assim, o novo balanço de energia passa a ser:

$$\Delta U = Q - W + \Delta E_g$$

onde ΔE_g representa a variação da energia potencial gravitacional do êmbolo.

Convém ressaltar que o trabalho em VC 1 é feito pelo gás sobre a base inferior do êmbolo, enquanto em VC 2 é feito pelo êmbolo contra o meio ambiente, podendo ser diferentes um do outro.

Na forma de fluxo temporal, as duas equações se tornam:

$$\Delta\dot{U} = \dot{Q} + \dot{W} \quad \text{e} \quad \Delta\dot{U} = \dot{Q} + \dot{W} + \Delta\dot{E}_g$$

2) Um tanque cilíndrico tem área da base 1 m^2 e altura 5 m, estando inicialmente vazio. Uma fonte fornece água ao seu interior, na razão de 10 kg/s em regime permanente. Uma torneira adaptada à base do tanque permite a saída da água na razão de $\frac{h}{5}$ kg/s, onde h é a altura instantânea da água dentro do tanque. Determine o tempo que leva para preencher o tanque inteiramente com água.

Resolução

A figura mostra o esquema da montagem:

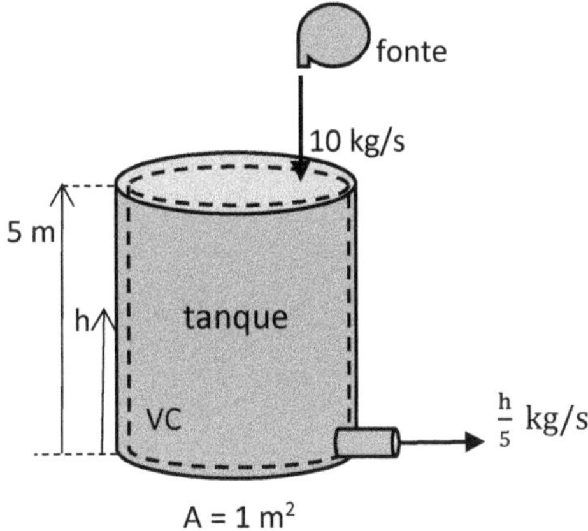

Considerando o volume de controle como o volume interno do tanque, a equação do balanço de massa de água para este volume é $\frac{dm_{ág}}{dt} = \dot{m}_e - \dot{m}_s$. Mas $m_{ág} = \rho_{ág} V_{ág}$, onde $V_{ág} = Ah$ é o volume instantâneo de água dentro do tanque e que varia com o tempo de preenchimento. A equação do balanço de massa se torna:

$$\frac{d\left(\rho_{ág} Ah\right)}{dt} = \dot{m}_e - \dot{m}_s \rightarrow \frac{A\rho_{ág} dh}{dt} = \dot{m}_e - \dot{m}_s$$

Com os dados fornecidos:

$$\frac{1 \times 10^3 dh}{dt} = 10 - \frac{h}{5}$$

Separando as variáveis e integrando:

$$\int_0^5 \frac{dh}{10 - \frac{h}{5}} = \frac{1}{10^3} \int_0^t dt \rightarrow t = -5 \times 10^3 \ln(0,9) \rightarrow t \cong 527 \text{ s}$$

3) Uma turbina ideal é acionada em regime permanente por ar que entra com vazão de massa igual a 1,5 kg/s e velocidade 10 m/s, e sai com 40 m/s. A entalpia específica de entrada é igual a 200 kJ/kg e de saída é igual a 180 kJ/kg. Determine o trabalho realizado pela turbina em uma hora.

Resolução

A figura mostra um volume de controle envolvendo a turbina, e os fluxos de entrada e saída de massa e energia:

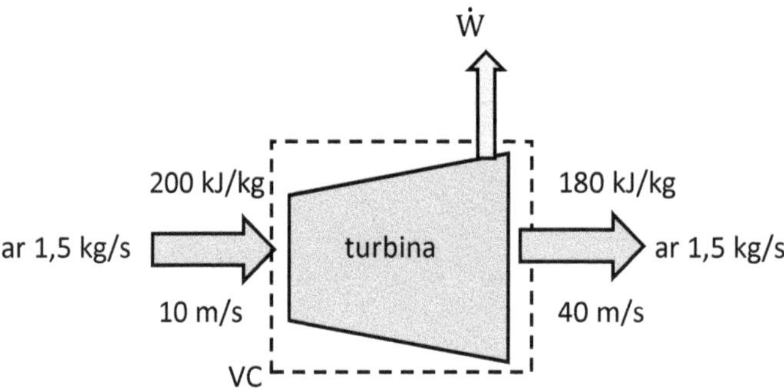

Sendo ideal a turbina não troca calor, e aplicando a Equação 15.11 com as devidas conversões de unidades:

$$0 = -\dot{W} + 1{,}5\left[(200 - 180) + \frac{10^2 - 40^2}{2000}\right]$$

$$\dot{W} = 28{,}875\ \mathrm{W}$$

Vê-se que a taxa de trabalho é igual à potência que, por definição, é igual à razão entre o trabalho e o intervalo de tempo. Assim, em uma hora o trabalho realizado foi de:

$$\frac{W}{3600} = 28875 \rightarrow W = 103{,}95\ \mathrm{MJ}$$

4) Uma bomba eleva a água que recebe com vazão de 1,4 kg/s, até uma altura de 15 m de sua posição, em regime permanente. A entalpia específica de entrada é 540 kJ/kg e de saída 680 kJ/kg. A figura mostra o esquema:

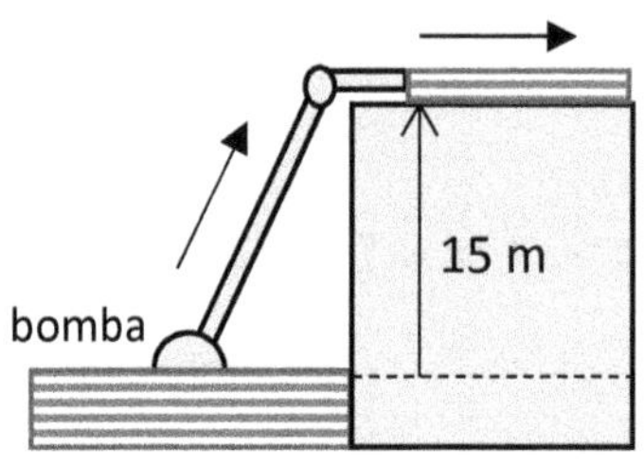

Determine a potência necessária a ser fornecida à bomba, desprezando as trocas de calor entre a bomba e o meio ambiente.

Resolução

A figura mostra um volume de controle envolvendo a bomba e os fluxos de entrada e saída de massa e energia:

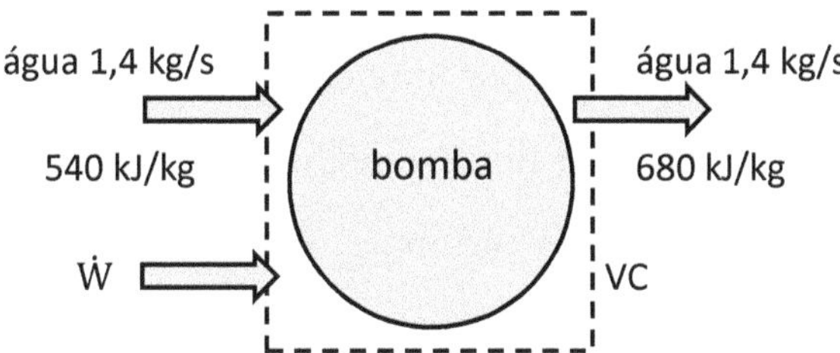

Aplicando a Eq.12 do balanço de massa-energia em regime permanente, adotando o nível de referência na bomba e ajustando os fatores de conversão de unidades:

$$0 = -\dot{W} + 1{,}4\left[(540 - 680) + \frac{9{,}8 \times (0 - 15)}{1000}\right] \rightarrow \dot{W} = -196{,}2\ \text{kW}$$

Por que o valor é negativo?

5) Um tanque de 1,5 m^3 está inicialmente evacuado, enquanto o ar na vizinhança está à 27 ºC e 1 bar. Num dado momento um orifício é feito na parede do tanque, de modo a permitir a entrada de ar, até que a pressão no tanque atinja 1,0 bar e temperatura de 27 ºC, quando o processo se encerra. Considerando o ar como gás ideal, determine:

a) a massa de ar que permanece no tanque

b) a troca de calor entre o conteúdo do tanque e a vizinhança

Dados para o ar à 27 ºC: $\begin{cases} \text{M} = 28{,}97\ \text{g/mol} \\ \text{h} = 310{,}24\ \text{kJ/kg} \\ \text{u} = 214{,}07\ \text{kJ/kg} \end{cases}$

Resolução:

a) Aplicando a fórmula de Clapeyron e lembrando que 1 bar = 10^5 Pa:

$$\text{pV} = \text{nRT} \rightarrow 10^5 \times 1{,}5 = \text{n} \times 8{,}314 \times 300 \rightarrow \text{n} = 60{,}14\ \text{mols}$$

$$\text{m} = \text{nM} = 60{,}14 \times 28{,}97 \rightarrow \text{m} = 1742{,}24\ \text{g} \cong 1{,}74\ \text{kg}$$

b) Durante a entrada de ar o regime é transiente, e como o tanque estava evacuado a energia interna e a entalpia específicas são nulas no instante inicial, além de não haver realização de trabalho durante o preenchimento. Assim, e aplicando a Equação 18.11:

$$m_e u = Q + m_e h \rightarrow 1{,}74 \times 214{,}07 = Q + 1{,}74 \times 310{,}24$$

Resolvendo a equação, chega-se a

$$Q = -173{,}76 \text{ kJ}$$

6) Um sistema integrado típico é formado por uma caldeira, que fornece calor ao fluido de trabalho, uma turbina, que recebe esse fluido e realiza trabalho, um condensador, que retira calor do fluido após ele passar pela turbina e, finalmente, uma bomba que, após receber energia, conduz o fluido de volta à caldeira, fechando o ciclo. A figura representa esse sistema:

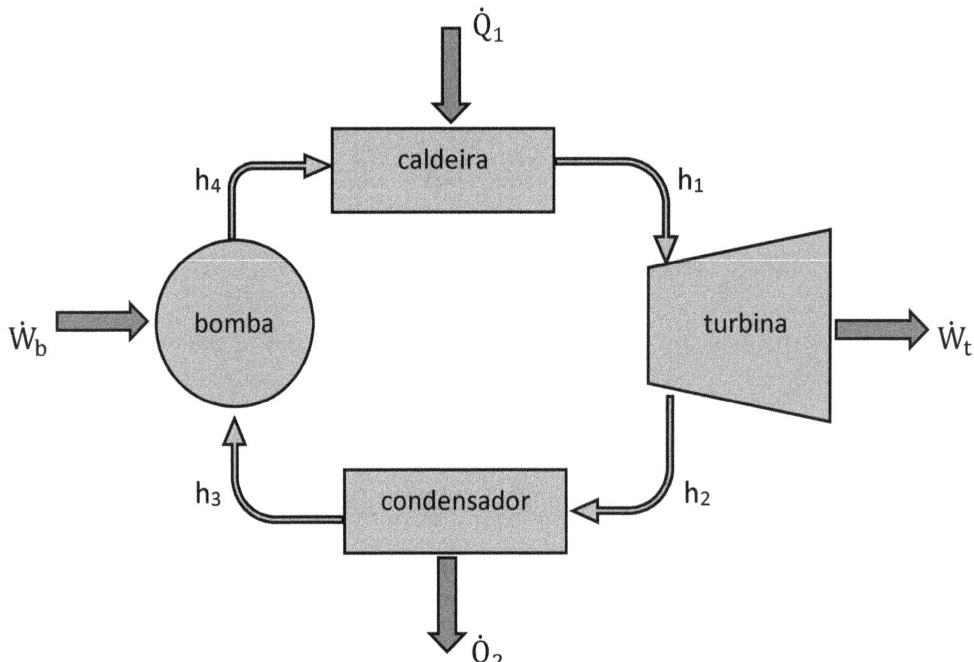

À medida que vai circulando pelo circuito, o fluido tem sua entalpia específica modificada enquanto ganha e perde energia, sendo h_1 entre a caldeira e a turbina, h_2 entre a turbina e o condensador, h_3 entre o condensador e a bomba e, finalmente, h_4 entre a bomba e a caldeira. Tais valores normalmente são tabelados de acordo com a temperatura envolvida.

Convém neste caso considerar um volume de controle para cada componente separadamente. Assim, para um fluxo $\dot{m}$ de fluido, as equações de balanço-energia em regime permanente para cada componente serão:

Caldeira: $\dot{Q}_1 + \dot{m}(h_4 - h_1) = 0$

Turbina: $-\dot{W}_t + \dot{m}(h_1 - h_2) = 0$

Condensador: $\dot{Q}_2 + \dot{m}(h_2 - h_3) = 0$

Bomba: $-\dot{W}_b + \dot{m}(h_3 - h_4) = 0$

Para um volume de controle envolvendo todo o sistema, a equação de balanço massa-energia se torna:

$$\dot{Q}_1 + \dot{Q}_2 - \dot{W}_t - \dot{W}_b = 0$$

EXERCÍCIOS PROPOSTOS

Quando preciso, adotar densidade absoluta da água 10^3 kg/m³ e aceleração da gravidade 9,8 m/s²

1) Um tanque cilíndrico tem área da base 2 m² e altura 10 m, estando inicialmente vazio. Num dado momento água é fornecida ao tanque na razão de 20 L/s. Na parte inferior do tanque existe uma torneira aberta, que permite a saída da água na razão de $\frac{h}{2}$ kg/s, onde h é a altura da água dentro do tanque. Determine o tempo para preencher completamente o tanque.

2) Uma turbina é acionada com vapor d'água, que entra com velocidade de 30 m/s e sai com 40 m/s num fluxo de 20 kg/s. As entalpias específicas de entrada e saída são, respectivamente, 2500 kJ/kg e 1800 kJ/kg. Determine o fluxo de calor desprendido pela turbina, sabendo que desenvolveu uma potência de 10 MW em regime permanente.

3) Bocais são dutos de seção reta variável, por onde escoam fluidos, cuja velocidade aumenta na direção do escoamento, sendo aplicados em túneis de vento, por exemplo. Considere um bocal isolado do meio ambiente, por onde penetra ar a uma velocidade de 20 m/s, sendo expelido a uma velocidade de 80 m/s em regime estacionário. Não havendo realização de trabalho e troca de calor com a vizinhança durante o escoamento, determine a entalpia específica de saída, sabendo que a da entrada é igual a 250 kJ/kg.

4) O trocador de calor representado na figura consiste em um reservatório com duas entradas de água, uma a 70 °C e outra a 10 °C, e uma única saída:

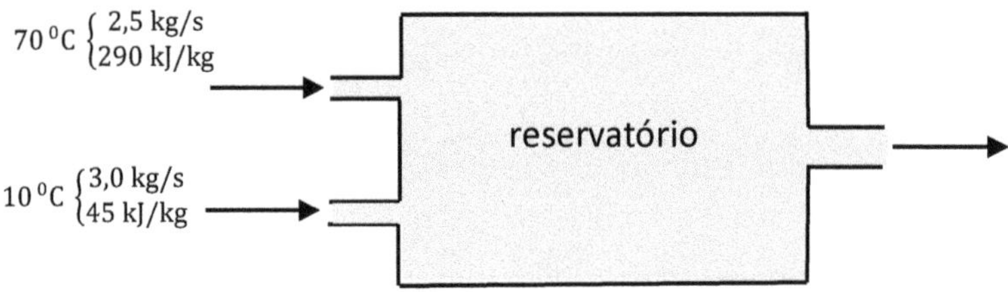

Não há troca de calor com o meio ambiente e nem realização de trabalho. Desprezando variações de energia cinética e potencial gravitacional, determine a entalpia específica da mistura na saída em regime permanente.

5) Uma bomba mecânica em regime permanente transporta água de um reservatório com uma vazão de 10 kg/s através de uma mangueira, até um patamar 20 metros acima do reservatório. A velocidade inicial da água é 1,2 m/s e a potência fornecida pela bomba é igual a 3,8 kW. Desprezando a variação de entalpia e a troca de calor com o meio ambiente, determine a velocidade de descarga da água.

6) Num trocador de calor contracorrente operando em regime estacionário, vapor d'água entra com 2200 kJ/kg de entalpia específica e sai como líquido com 1540 kJ/kg. Um fluxo de ar separado entra numa vazão de 180 kg/min com entalpia específica de 240 kJ/kg e sai com 620 kJ/kg. Não havendo troca de calor com a vizinhança e desprezando os efeitos cinéticos e gravitacionais, determine:

a) a vazão mássica de água b) o fluxo de calor trocado dentro do condensador

7) Um tanque rígido com volume de 20 L encontra-se inicialmente evacuado. No lado externo a pressão é de 1 bar e a temperatura é de 7 °C. Num dado momento uma válvula anexada ao tanque é aberta, de modo a permitir a entrada de ar, até que o tanque fique cheio de ar e com as mesmas condições do meio ambiente, ou seja, 1 bar e 7 °C. Determine:

a) a massa de ar que fica armazenada no tanque

b) o calor trocado entre o tanque e o meio ambiente

Dados para o ar à 7 °C: $\begin{cases} M = 28{,}97 \text{ g/mol} \\ h = 280{,}00 \text{ kJ/kg} \\ u = 200{,}00 \text{ kJ/kg} \end{cases}$

8) Uma turbina operando em regime permanente recebe ar na razão de 6,0 kg/s, de modo a fornecer 600 kW a um compressor e 800 kW a um gerador. Sendo 500 kJ/kg a entalpia de entrada do ar na turbina e 200 kJ/kg na saída, determine o fluxo de calor desprendido pela turbina.

9) A figura mostra Refrigerante 134a trocando calor com ar dentro de um condensador, passando antes por um compressor:

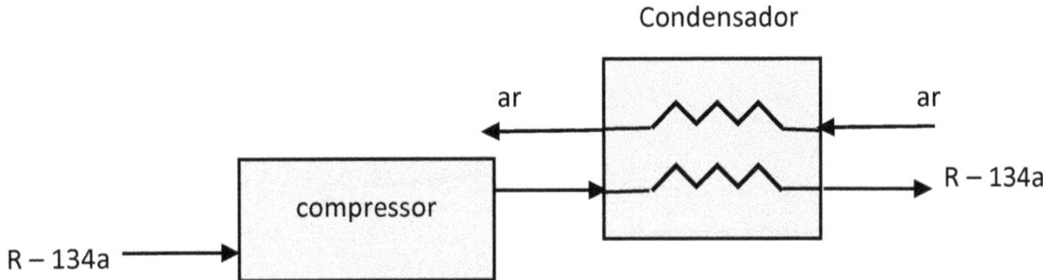

O fluxo de ar é 2,0 kg/s e suas entalpias específicas de entrada e saída são, respectivamente, 300 kJ/kg e 380 kJ/kg. As entalpias específicas do refrigerante R-134a no compressor são, respectivamente, 50 kJ/kg e 88 kJ/kg, e 64 kJ/kg na saída do condensador. Não há troca de calor com o meio ambiente. Determine:

a) o fluxo de massa do refrigerante b) a potência fornecida ao compressor

10) A figura mostra um sistema integrado funcionando em regime permanente, envolvendo uma caldeira, uma turbina, um condensador e uma bomba, além das entalpias específicas durante as transferências:

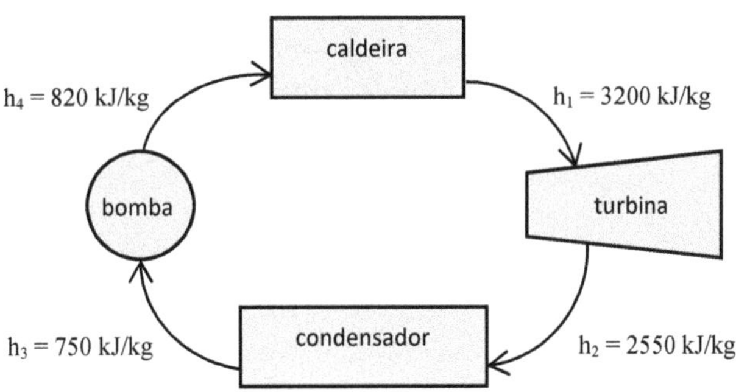

A vazão do fluido de trabalho no circuito é 2,0 kg/s e não há dissipação de calor na turbina e na bomba, além de não haver variações apreciáveis de energia cinética e potencial gravitacional. Sendo assim, determine o fluxo de calor trocado na caldeira e no condensador, bem como o fluxo das potências desenvolvidas na turbina e na bomba. Confirme o balanço de energia para um volume de controle envolvendo todo o sistema.

11) Digamos que, no Exercício 8, o calor rejeitado no condensador é inteiramente transferido para ar refrigerante que, com esse acréscimo de energia, tem sua entalpia específica aumentada de 525 kJ/kg. Determine o fluxo desse ar refrigerante em kg/s.

12) A figura mostra um sistema integrado envolvendo os componentes e as respectivas entalpias específicas de entrada e saída em cada um:

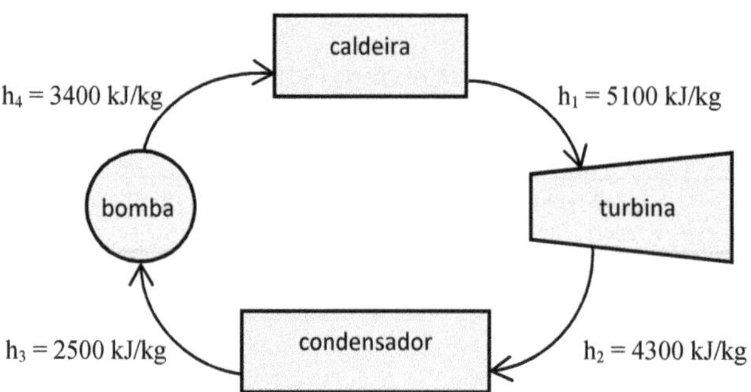

Sabendo que é fornecido à bomba 162 kJ por minuto em regime estacionário, não havendo troca de calor na turbina e na bomba com o meio ambiente e desprezando os efeitos cinéticos e gravitacionais, determine:

a) o fluxo de massa da substância de trabalho

b) a potência fornecida pela turbina

c) o fluxo de calor trocado no condensador

d) o fluxo de calor que entra na caldeira

e) confirme o balanço de energia para um volume de controle envolvendo todo o sistema

ANEXO I

UNIDADES DE ENERGIA

Sistema Internacional (MKS): 1 Joule (J) = 1 Nm

CGS: 1 erg = 10^{-7} J

Caloria: 1 cal = 4,1868 J

Kilowatt-hora: 1 kWh = 3,6 x 10^{6} J

Elétron-volt: 1 eV = 1,602 x 10^{-19} J

Pé-libra[35]: 1 pé-lb = 1,356 J

Unidade térmica inglesa[36]: 1 Btu = 1055 J

Horse power-hora: 1 hp-h = 2,685 x 10^{6} J

---

[35] Pé-libra = feet-libra-força (ft.lbf)

[36] British Thermal Unity

ANEXO II

CALORES ESPECÍFICOS

	água	gelo (H_2O)	vapor (H_2O)	chumbo	prata	cobre	alumínio
$\frac{J}{kg.K}$	4186,8	2093,4	2009,66	128	236	386	900
$\frac{cal}{g.C}$	1,00	0,50	0,48	0,0305	0,0564	0,0923	0,215

	bronze	ouro	zinco	bismuto	magnésio	tungstênio	mercúrio
$\frac{J}{kg.K}$	380	126	387	123	976	134	140
$\frac{cal}{g.C}$	0,092	0,031	0,0925	0,0294	0,233	0,0321	0,033

CALORES LATENTES DE FUSÃO L_f E DE VAPORIZAÇÃO L_v

Substância	L_f (kJ/kg)	L_f (cal/g)	L_v (kJ/kg)	L_v (cal/g)
água	333,5	79,66	2257	539,08
álcool etílico	109	26,03	879	209,95
bromo	67,4	16,1	369	88,13
mercúrio	11,3	2,7	296	70,7
oxigênio	13,8	3,3	213	50,87

ANEXO III

COEFICIENTES DE DILATAÇÃO LINEAR

Sólidos (x 10^{-6} $^{0}C^{-1}$)

Aço: 11	Diamante: 1,0	Titânio: 8,5
Alumínio: 23	Ferro: 11,5	Silício: 2,5
Bronze: 19	Gelo (0 ^{0}C): 51	Latão: 19
Chumbo: 29	Níquel: 13	Grafita: 8
Cobre: 17	Ouro: 14	Vidro comum: 9
Concreto: 12	Prata: 19	Vidro Pyrex: 3

Líquidos (x 10^{-6} $^{0}C^{-1}$)

Água (20 ^{0}C): 0,2	Acetona: 1,5
Álcool etílico: 1,0	Glicerina: 490
Mercúrio: 180	Benzeno: 1060

ANEXO IV

COEFICIENTES DE CONDUÇÃO DE CALOR $\left(\frac{W}{mK}\right)$

Alumínio: 237	Níquel: 91	Latão: 117	Molibdênio: 142
Cobre: 398	Prata: 427	Zinco: 110	Tântalo: 54,5
Ouro: 315	Titânio: 22	Vidro: 2,0	Estanho: 61
Ferro α: 80	Tungstênio: 178	Aço comum: 52	Silício: 141
Chumbo: 35	Bronze: 109	Platina: 71	PVC: 0,2

ANEXO V

DENSIDADES ABSOLUTAS DE ALGUNS MATERIAIS

Elemento químico (isótopo mais abundante)

Elemento	Símbolo	Massa atômica (g/mol)	Massa específica (g/cm³)
Alumínio	Al	26,98	2,70
Antimônio	Sb	121,75	6,69
Arsênio	As	74,92	5,78
Bário	Ba	137,33	3,59
Berílio	Be	9,012	1,85
Bismuto	Bi	208,98	9,80
Boro	B	10,81	2,47
Cádmio	Cd	112,4	8,65
Cálcio	Ca	40,08	1,53
Carbono	C	12,01	2,27
Cério	Ce	140,12	6,77
Césio	Cs	132,91	1,91
Chumbo	Pb	207,20	11,34
Cobalto	Co	58,93	8,8
Cobre	Cu	63,55	8,93
Cromo	Cr	52,00	7,19
Disprósio	Dy	162,50	8,53
Enxofre	S	32,06	2,09
Escândio	Sc	44,96	2,99
Érbio	Er	167,26	9,04
Estanho	Sn	118,69	7,29
Estrôncio	Sr	87,62	2,58
Európio	Eu	151,96	5,25
Ferro	Fe	55,85	7,87

Fósforo	P	30,97	1,82 (branco)
Gadolínio	Gd	157,25	7,87
Gálio	Ga	69,72	5,91
Germânio	Ge	72,59	5,32
Háfnio	Hf	178,49	13,28
Hólmio	Ho	164,93	8,80
Índio	In	114,82	7,29
Iodo	I	126,90	4,95
Irídio	Ir	192,22	22,55
Itérbio	Yb	173,04	6,97
Ítrio	Y	88,91	4,48
Lantânio	La	138,91	6,17
Lutécio	Lu	174,97	9,84
Magnésio	Mg	24,31	1,74
Manganês	Mn	54,94	7,47
Molibdênio	Mo	95,94	10,22
Neodímio	Nd	144,24	7,00
Nióbio	Nb	92,91	8,58
Níquel	Ni	58,71	8,91
Ouro	Au	196,97	19,28
Ósmio	Os	190,20	22,58
Paládio	Pd	106,4	12,00
Platina	Pt	195,09	21,44
Potássio	K	39,10	0,86
Praseodímio	Pr	140,91	6,78
Prata	Ag	107,87	10,50
Rênio	Re	186,20	21,02
Ródio	Rh	102,91	12,42
Rubídio	Rb	85,47	1,53
Rutênio	Ru	101,07	12,36
Samário	Sm	150,40	7,54

Selênio	Se	78,96	4,81
Silício	Si	28,09	2,33
Sódio	Na	22,99	0,97
Tálio	Tl	204,37	11,87
Tântalo	Ta	180,95	16,67
Tecnécio	Tc	98,91	11,50
Telúrio	Te	127,60	6,25
Térbio	Tb	158,93	8,27
Titânio	Ti	47,90	4,51
Túlio	Tm	168,93	9,33
Tungstênio	W	183,85	19,25
Urânio	U	238,03	19,05
Vanádio	V	50,94	6,09
Zinco	Zn	65,38	7,13
Zircônio	Zr	91,22	6,51

Sólidos (g/cm^3)

Vidro: 2,2 – 2,5 Polietileno: 0,94 – 0,97 Grafita: 1,71 – 1,78

Aço: 7,85 – 8,00 Nylon: 1,14 Baquelite: 1,36 – 1,46

Latão: 8,5 Bronze: 8,8 Quartzo: 2,65

Ureia: 1,5 Borracha comum: 1,5 Poliestireno: 1,05

Líquidos à 20 ^0C (g/cm^3)

Água: 1,0 Acetona: 0,8 Benzeno: 0,9 Etanol: 0,8

Gasolina comum: 0,75 Mercúrio: 13,6 Óleo diesel: 0,83

RESPOSTAS DOS EXERCÍCIOS PROPOSTOS

Capítulo 1 – Temperatura e calor

1)

a) 95 F ; 308 K ; 554,4 R

b) – 45 C ; 228 K ; 410,4 R

c) 95 C ; 203 F ; 662,4 R

d) – 73 C ; – 99,4 F ; 200 K

2) – 40

3) 574,25

4) 80 ^{0}F e 160 °C

5) 176,7 °F e 353,4 K

6)

a) $\frac{X+15}{21} = \frac{Y-20}{20}$ b) 80 c) – 36 d) 720

7)

a) $\frac{A+20}{3} = \frac{B-20}{8}$ b) 17,5 c) – 44

8)

a) $\frac{X}{4} = \frac{Y-10}{7}$ b) 97,5 c) – 80

9)

a) $T = 125(L - 50)$ b) 75 ^{0}C c) 50,76 mm

10) 20 ^{0}C

11)

a) $\frac{T-32}{9} = \frac{P-20}{2}$ b) 752 ^{0}F c) 6 mmHg

12) 18 kcal

13)

a) 4 kcal b) 22 kcal c) 150,92 kcal

14)

a) $0{,}50\ \frac{cal}{g.\ ^0C}$ b) $0{,}13\ \frac{cal}{g.\ ^0C}$ c) $0{,}27\ \frac{cal}{g.\ ^0C}$ d) $60\ \frac{cal}{g}$ e) $30\frac{cal}{g}$

15)

a) $0{,}15\frac{kJ}{kg.\ ^0C}$ b) $0{,}017\ \frac{kJ}{kg.\ ^0C}$ c) $0{,}05\ \frac{kJ}{kg.\ ^0C}$ d) $-3\ \frac{kJ}{kg}$ e) $-2\frac{kJ}{kg}$

16) 744,32 W

17)

sólida: $c_s = 75 \frac{kJ}{kg.\,^0C}$ líquida: $c_l = 160 \frac{kJ}{kg.\,^0C}$ $L_f = 4200 \frac{kJ}{kg}$

18) 498,43 W

19)

a) 348,9 W b) 16 min c) – 240 ^{0}C d) 125 g

20) 114, 29 ^{0}C

21) $0{,}94 \frac{cal}{g.\,^0C}$

22) 20,68 ^{0}C

23) 15,2 ^{0}C inteiramente líquida

24) 20 g de água + 110 g de gelo, ambos à 0 ^{0}C

25) 102,37 g de água + 47,63 g de vapor, ambos à 100 ^{0}C

26) 12,94 g de vapor + 67,06 g de água à 100 ^{0}C

27) 49,3 g de água + 0,7 g de vapor, ambos à 100 ^{0}C

28) 437,51 ^{0}C

29) 25,26 ^{0}C

30)

a) 7,5 b) $3\frac{q}{m}$ c) sólido, pois $c_s < c_l$

31)

a) $c_A = 0{,}5\ c_C$ e $c_B = 3\ c_C$ b) A é o melhor e B é o pior, pois $c_A < c_C < c_B$

c) para mesmas massas, a reta de maior inclinação indica o melhor condutor térmico

32)

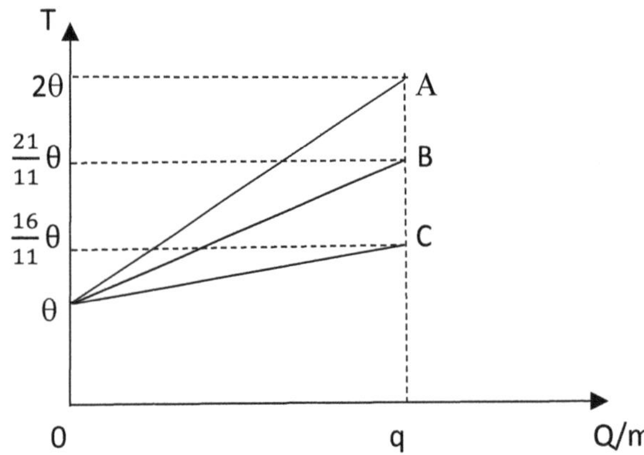

33)

a) 600 cal b) 10 cal/^{0}C

34) 45 g

Capítulo 2 – Dilatometria

1) 76×10^{-5} cm

2) 5×10^{-6} °C^{-1}

3) 735,29 °C

4) 250 °C

5) 4×10^{-5} °C^{-1}

6) $\alpha_C < \alpha_B < \alpha_A$

7) $\alpha_A = 1{,}4\ \alpha_B$

8) $\frac{\alpha_A}{\alpha_B} = 1{,}5$

9) $\frac{\alpha_A}{\alpha_B} = 2$

10) Como o coeficiente de dilatação de A é maior do que o de B, ambos se curvarão para baixo, de modo que a lâmina A ocupe uma área maior que a lâmina B:

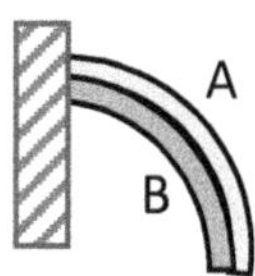

11) 17×10^{-5} cm

12) 223,76 °C

13) 597,18 °C

14) 75,59 °C

15) $1{,}59 \times 10^{-4}\ \mathrm{C}^{-1}$

16) 10,7 °C

17) 22,19 °C

18) 59,3 °C

19)

a) 2,556 mL b) 2,7 mL c) $1{,}7 \times 10^{-4}$ °C^{-1} d) 500,144 mL

20) $190{,}8 \times 10^{-4}\ \mathrm{cm}^3$

21) $3{,}19 \times 10^{-4}$ °C^{-1}

22) 1,579 mL para menos

23) $476{,}40\ \mathrm{cm}^3$ (antes) e $477{,}26\ \mathrm{cm}^3$ (depois)

24) 0,066 cm

25) 62,43 cm

26) 0,15% (barra), 0,29% (disco) e 0,44% (esfera)

27) aproximadamente 290 ^{0}C

28) $3 \times 10^{-5}\ \mathrm{C^{-1}}$

29) 4,5 cm^3

30) 12,86 mL

31) 0,53 cm

32) 0,5045 m^3

33) 101,7052 mL

<u>Cap.3 – Transmissão de calor</u>

1) $11{,}96\ \frac{\mathrm{kJ}}{\mathrm{m^2s}}$

2) 471,24 J

3) $1{,}26\ \frac{\mathrm{kW}}{\mathrm{m^2}}$

4) kAmx

5)

a) 80,2 $\frac{\mathrm{kW}}{\mathrm{m^2}}$ b) 151,17 kJ

6)

a) $0{,}85\ \frac{\mathrm{K}}{\mathrm{W}}$ b) 117,7 W c) $117{,}7\ \mathrm{W}$ d) 70,6 J

7)

a) $\frac{\mathrm{L}}{\mathrm{kb^2}}$ b) $\frac{\mathrm{kb^2}}{\mathrm{L}}\Delta\mathrm{T}$ c) I

8)

a) $\mathrm{R_{T_{Al}}} = 1{,}28\ \frac{\mathrm{K}}{\mathrm{W}}$ e $\mathrm{R_{T_{Pb}}} = 14{,}3\ \frac{\mathrm{K}}{\mathrm{W}}$ b) $15{,}58\ \frac{\mathrm{K}}{\mathrm{W}}$ c) $1{,}17\ \frac{\mathrm{C}}{\mathrm{W}}$ d) 8,22 ^{0}C

e) 91,78 ^{0}C f) 6,42 W

9) a) 150 ^{0}C e – 10 ^{0}C b) 2,8 $\frac{\mathrm{kW}}{\mathrm{m^2}}$

10)

a) $5{,}3 \times 10^{-3}\ \frac{\mathrm{C}}{\mathrm{W}}$ b) 18,87 kW c) $18{,}87\ \mathrm{kW}$

d) permanece constante porque o regime é estacionário

e) aumenta com a diminuição do raio, uma vez que o fluxo é o mesmo, mas atravessando uma área menor.

f) 75,05 ^{0}C

11)

a) $8{,}03 \times 10^{-3}\ \frac{\mathrm{K}}{\mathrm{W}}$ b) $12{,}05\ \mathrm{kW}$ c) $12{,}05\ \frac{\mathrm{kW}}{\mathrm{m}^2}$

d) Permanece constante, pois o regime é estacionário

e) aumenta com a diminuição do raio, uma vez que o fluxo é o mesmo, mas atravessando uma área menor.

f) 59,88 ^{0}C

12) $0{,}078\ \frac{\mathrm{K}}{\mathrm{W}}$

13)

a) $3{,}18 \times 10^{-4}\ \frac{\mathrm{K}}{\mathrm{W}}$ b) $1{,}38 \times 10^{-3}\ \frac{\mathrm{K}}{\mathrm{W}}$ c) $2{,}5 \times 10^{-3}\ \frac{\mathrm{K}}{\mathrm{W}}$

14) 11,4 kJ

15) 72,15 ^{0}C

16) $285{,}7\ \frac{\mathrm{kW}}{\mathrm{m}^2\mathrm{K}}$

17)

a) $1{,}047\ \frac{\mathrm{kW}}{\mathrm{m}^2}$ b) $11{,}63\ \frac{\mathrm{W}}{\mathrm{m}^2\mathrm{K}}$

18)

a) 120 ^{0}C b) 10 ^{0}C c) 800 s d) 809,3 s e) 10,11 ^{0}C

19) $2{,}37 \times 10^{11}\ \mathrm{J}$

20) 385,33 K

21) $4{,}3 \times 10^{26}\ \mathrm{J}$

22) $1{,}67\ \mathrm{W}$

23) – 819,6 kJ

Cap.4 – Estudo físico dos gases ideais

1) 6,15 atm

2) Foi reduzido em um quarto do valor inicial

3) 0,38 g

4) Quintuplicou

5) Dobrou

6) Triplica também

7)

a) 4P b) $\frac{6P}{7}$

8) $W_1 < W_2 < W_3$; rotas diferentes conduzem a trabalhos diferentes numa transformação gasosa

9)

a) $686{,}7\ \text{J}$ b) $-1042{,}8\ \text{J}$

10) 16,2 kJ

11) 25,425 kJ

12) 8 kJ

13) 15,73 kJ

14) $v_{He} = 2v_{CH_4}$

15)

a) 15,11 m/s b) 15,56 m/s c) 15,79 m/s d) 21,63 m/s

16)

a) $\sqrt{2}$ b) 2 c) $\frac{\sqrt{2}}{2}$ d) $\frac{1}{2}$

17) 4330,05 K

18) $39{,}91\ \frac{g}{mol}$

19) $1{,}187 \times 10^{-20}\ \text{J}$

20) 187,07 kJ

21) 192,14 K

22) 167,86 g

23)

a) 14,97 MPa b) 7,0 Mpa c) 8,38 Mpa

Tais diferenças se devem ao fato de que, nas equações de van der Waals e de Dieterich, são levadas em consideração fatores intrínsecos de um gás real, como a natureza química e a interação à distância entre suas moléculas, fatores que não são levados em conta na equação de Clapeyron, que considera o gás como ideal.

Cap.5 – Primeira lei da termodinâmica

1) 374 kJ

2) 230,43 ^{0}C

3) 87,3 kJ

4) 98,78 kJ

5) 4,8

6) 0,468 ^{0}C

7) 20,12 ^{0}C

8) 1 kJ

9) – 100,27 kJ

10) 107,2 ^{0}C

11)

a) 1957,5 K   b) 2750 J   c) 124,8 kJ   d) 127,52 kJ (fornecido)

12)

a) – 600 J   b) 638,89 K   c) – 76,5 kJ   d) – 77,09 kJ (retirado)

13) Não haveria mudança na temperatura final, pois a equação geral de transformação dos gases ideais utilizada em seu cálculo só leva em conta os estados final e inicial, não importando os valores intermediários assumidos. O trabalho, ao contrário, pode mudar conforme a rota, pois pode modificar a área abrangida no gráfico PV.

14)

a) 389,8 Pa   b) 1,56 mols   c) 9,93 L   d) 13,33 L

e) 1,32 kJ   f) 1,95 kJ   g) 3,27 kJ

15) 198 kPa

16)

a)

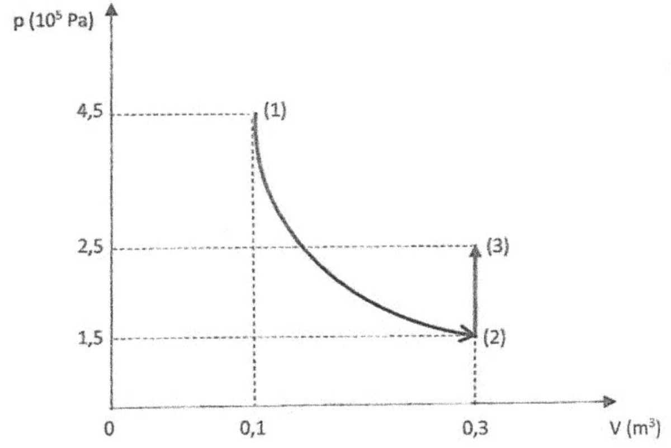

b) 3,66 kJ   c) 445,5 K   d) 7,00 kJ

17)

x = 7,5   y = 3   z = 4,5   t = 2,43   u = 2,43   v = 0   k = - 4,5   m = 0   n = - 4,5

o = - 2,5   p = - 1   q = - 1,5   r = - 0,5   s = - 2   w = 1,5

18)

	Q (kJ)	W (kJ)	ΔU (kJ)
1 → 2	- 2	0	- 2
2 → 3	1	2	- 1
3 → 1	- 1,5	-1,5	3

19)

	Q (kJ)	W (kJ)	ΔU (kJ)
I → II	30000	20000	10000
II → III	- 6000	0	- 6000
III → IV	- 11000	- 5000	- 6000
IV → I	2000	0	2000

20)

	Q (kJ)	W (kJ)	ΔU (kJ)
I → II	500	0	500
II → III	525	225	300
III → IV	0	1050	- 1050
IV → I	- 100	- 350	250

21)

a) 23,35 J b) 6,15 kJ c) – 27,94 kJ

Cap.6 – Segunda lei da termodinâmica

1)

a) 40% b) 80% c) 43%

2) W = 20 kJ e Q_F = 30 kJ

3) W = 80 kcal e Q_Q = 160 kcal

4) Q_F = 150 kJ e Q_Q = 250 kJ

5)

a) 120 kJ b) 1,2

6) Q_F = 2,368 kcal e W = 2,632 kcal

7)

a) W_{12} = – 457,08 kJ , W_{23} = 500 kJ , W_{34} = 296,83 kJ e W_{41} = 0

b) 339,75 kJ c) 1753,65 kJ d) 16,23% e) 62,5%

8) A é possível e B não, porque, nas condições dadas, o máximo rendimento teoricamente possível é de 52,36%.

9)

a) 50% b) 15 kJ

10)

a) 88,9 % b) 48 kJ

11)

a) 14,65% b) 426,74 kJ c) 73,25 kJ

12)

a) 190 K e 266 K b) 124 kJ e 30,4 kJ

13) W_1 = 50 kJ , W_2 = 30 kJ e W_3 = 80 kJ

14)

a) 325 kJ b) Q_Q = 686,75 kJ e Q_F = - 361,75 kJ c) 47,32 %

15)

a) 45,63 kJ b) Q_Q = 74,7 kJ e Q_F = - 74,7 kJ c) 61,08 %

Cap.7 – Entropia

1) Não é um sistema isolado, visto que todo ser vivo interage com o meio ambiente.

2)

a) $\Delta S_C = -10$ J/K b) $\Delta S_C > -10$ J/K

3) 35,88 J/K

4) 16,6 J/K

5) 301,76 J/K

6) 927,29 J/K

7) – 3588,50 J/K

8) 67,42 J/K

9) 409,1

10) 122,64 g

11)

a) 90 ^{0}C b) 29,31 J/K

12)

a) -1,0994 J/K para A e 1,2111 J/K para B b) 0,1117 J/K

Cap.8 – Os estados físicos da matéria

1) d = 1,33 g/cm^3 e ρ = 4,00 g/cm^3

2) 14,905 g/cm^3

3) 3,2675 g/cm^3

4) 0,91 g/cm^3

5) 0,94 g/cm^3

6) 15,43 g/cm^3

7) 10,18 g/cm^3

8)

a) 46,4 kPa b) 92,8 kPa

9)

a) $4{,}47 \times 10^{-2}$ N b) 63,4 ^{0}

10)

a) sólido b) vapor c) líquido d) gasoso e) sólido + líquido

f) líquido g) sublimação h) vaporização i) solidificação j) fusão

11)

a) sólido b) vapor c) líquido d) vapor e) gasoso

f) sólido + vapor g) sublimação h) fusão i) condensação

12)

a) 20,93 % b) 21,31 % c) 2,44 m^3/kg d) 2,845 m^3/kg e) 0,75 e 3,725 m^3/kg

f) 0,25 e 1,625 m^3/kg

g) o aumento da pressão do ambiente dificulta a evaporação, daí a necessidade de se elevar a temperatura para ela ocorrer

13)

a) 0,28 b) 1,14 m^3/kg

c) para uma mesma pressão, o aumento de temperatura provoca dilatação térmica e, consequentemente, aumento de volume específico que é, por sua vez, diretamente relacionado com o volume, sendo mais acentuado na fase vapor.

14)

a) 59,57% b) 0,335144 m^3/kg

15) 1,139706842 m^3/kg

16) $2{,}27 \times 10^{-4}$ m^3/kg

17)

a) 12,71% b) 25,42 g (vapor) e 74,58 g (líquido)

18) 7,67071 m^3/kg

19) 0,001044 m^3/kg

20) 0,41665 m^3/kg

21) 0,001078 m^3/kg

22) 0,000923 m^3/kg

23) 0,52632 m^3/kg

24) 2,45069 m^3/kg

Cap.9 – Fluidos em repouso

1)

a) 107,8 MPa b) 107,9 MPa

2) 51 m

3) 13,23 kPa

4) $p_B > p_A = p_C$

5) 1,22 m

6)

a) 16 cm b) 84 cm

7)

a) 9800 h b) 19,6 MN e 261,3 MNm c) 13,33 m d) 261,3 MNm

8)

a) 2940 kPa b) 500 m^3

9)

a) 1,225 N b) 0,49 N e 6,53 m/s^2 c) 75 cm^3 d) de 1,225 N para 0,735 N

10) 50 g

11)

a) T_A = 1,33 N e T_B = 0,55 N b) a_A = 5,35 m/s^2 e a_B = 9,73 m/s^2 c) 1,33 N d) 50%

12)

a) 969,02 g b) 1,07 g/cm^3 c) 0,65 m/s^2 p/ baixo d) 0,63 N para cima)

13)

a) 101,528 N b) 25,48 N c) 76,048 N d) 7,34 m/s^2 para baixo e) 76,05 N para cima

14) 5,7 kg

15)

a) 5 L b) 25 cm

Cap.10 – Fluidos em movimento

1) $v_A = v_B > v_C > v_D$

2) (I) F (II) V (III) V (IV) V (V) F (VI) V (VII) V (VIII) V (IX) V (X) V

3)

a) 1,68 m/s b) 0 c) 2,5 cm

4) 5×10^{-2} kg/s e 5×10^{-5} m^3/s

5) 25 g/s

6) 5 m/s e 0,1 g/cm^3

7) 0,083 g/cm^3

8) 17,15 m/s

9)

a) 48,9 cm b) 19,8 cm

10) $v = \sqrt{2\left[\frac{p-p_0}{\rho} + g(h+H)\right]}$

12) 6,6 m/s (entrada) e 26,5 m/s (saída)

13) 15,28 m/s

15) 80,2 m/s

16) $41{,}8 \times 10^3$ kg/m^3

17)

a) 0,0159 m/s em A e 1,5915 m/s em B b) aproximadamente 13 cm c) 0,5 kg/s

19) No movimento do avião o fluxo de ar acima e abaixo da asa dever ser o mesmo. Como as distâncias das linhas de corrente de ar são diferentes, sendo maior acima da asa, a velocidade do fluxo de ar deve ser maior acima do que abaixo da asa. Pelo Princípio de Bernoulli a pressão é inversamente proporcional à velocidade, logo, a pressão do ar abaixo da asa é maior do que acima, equilibrando desta forma o peso do avião e sustentando o voo.

Cap.11 – Balanço de massa e energia

1) 1150,73 s

2) – 3993 kW

3) 247 kJ/kg

4) 156,36 kJ/kg

5) 19,22 m/s

6)

a) 1,73 kg/s b) 1140 kW

7)

a) 24,9 g b) – 1,99 kJ

8) 400 kW

9)

a) 6,67 kg b) 253,33 kW

10)

$\dot{W}_{turb} = 1300\ \text{kW}$, $\dot{W}_{cond} = -3600\ \text{kW}$, $\dot{W}_{bomb} = -140\ \text{kW}$, $\dot{W}_{cald} = 4760\ \text{kW}$,

Para um volume de controle envolvendo todo o sistema:

$$|\dot{Q}_{cald}| + |\dot{Q}_{bomb}| = |\dot{Q}_{turb}| + |\dot{Q}_{cond}| = 4900\ \text{kW}$$

Se confirma que toda energia fornecida ao sistema na caldeira e para a bomba, se converteu integralmente em trabalho na turbina e calor rejeitado no condensador.

11) 6,86 kg

12)

a) 3 kg/s b) 2400 kW c) 5400 kW d) 5100 kW

e) $|\dot{Q}_{cald}| + |\dot{Q}_{bomb}| = |\dot{Q}_{turb}| + |\dot{Q}_{cond}| = 7800\ \text{kW}$

www.ingramcontent.com/pod-product-compliance
Ingram Content Group UK Ltd.
Pitfield, Milton Keynes, MK11 3LW, UK
UKHW061818190726
13853UKWH00007B/2213

9 788547 107086